SHODENSHA
SHINSHO

ード下」の誕生

道と都市の近代史

一郎

祥伝社新書

まえがき

ガード下を歩くきっかけは、「高架橋下とその周辺の町」に絞った町歩きをしてみようという、町歩き仲間の一言だった。私たちの会の名称は「ガード下学会」。

一回目の遊歩に集まったのは八名。大学の教授を定年退職し、講師を務めている先生とその教え子たち、それに環境計画の一級建築士、著名な美術館の学芸員、デザイナーなどだった。基本的にほとんどの人が建築とデザインにかかわった者たちである。これが、二回目からは、やはり大学を定年退職し、いくつかの大学で講師を務めている文学の先生や美術大学で講師を務める写真家も参加。幅がより広くなっていった。

当初、私たちが抱いていたガード下のイメージとは、年季が入った構造物の表に赤提灯がぶら下がるといったものだった。ゴーゴーという轟音とともに振動が伝わり、コップの中の酒が揺れ、話が突然消える。とはいえ、しょせん話題は社内の不満と愚痴、話の大筋に影響をあたえることもなく、酒と話は続く。

雑駁《ざつぱく》で生命力に満ちたガード下だが、探索し出すと居酒屋のような店舗から住宅、さらに保育園からホテル、なかにはなんと墓地までと、さまざまな利用形態があることが分かってくる。こんなさまざまなガード下を訪ね歩き、それぞれの思いを語る。「あの現《あらわ》し、いいね～！」と指す者。「現し」とは、本来化粧仕上げするところを、あえて化粧仕上げせずに、下地となる木材などを見せること。この「現し」の話だけで二〇分は費やされ、話は盛り上がりに盛り上がる。スケッチしたり、写真を撮ったり。

ただ、このガード下遊歩。楽しいだけでなく、疑問の宝庫でもある。たとえば、所番地はあるのだろうか？　通常道路工事の際など、「〇丁目〇番 地先」、とか「〇丁目〇番 番外」などと場所を指定し、工事を実施するが、はたして鉄道高架下に住所はあるのか？　疑問はさまざまに膨《ふく》らみ迷宮の世界に入り込むかのごとくである。

この湧《わ》き出す疑問も踏まえ、ガード下を探索してみよう。町歩きをさらに楽しくするヒントがガード下に数多く含まれ、新たな視野が開けてくるはずだ。

二〇一二年三月

小林一郎《こばやしいちろう》

〈目　次〉

目次

I　ガード下とは何か？——その定義と魅力

どうやってガード下ができたのか？

ガード下はいつごろ誕生したのか

ガード下というと、思い浮かべるのが、赤提灯。店の前の通路にまでテーブルや椅子をせり出すのがガード下流儀で、なんとも食欲をそそる焼き鳥の香りと煙が漂《ただよ》う。ビールケースを逆《さか》さにした椅子に寄り添い詰め合って、電車の騒音のなかで、弾《はず》んだ声があたりを埋め尽くす——。

こうしたガード下は、いつ頃出現したのだろうか。と同時に、その発生理由は？

こんな疑問がわき起こる。

まず、いつ頃できたのか。鉄道が敷設されないことには、ガード下も誕生しない。これは道理である。わが国で最初に鉄道が敷かれたのは、江戸から明治へと時代が変わってまもない一八七二年（明治五）のことだ。

一八七二年というと、二月には皇居前から銀座《ぎんざ》、築地《つきじ》まで焼き尽くす銀座の大火があった年。隣町の新橋《しんばし》への影響が心配されるところだが、秋にはわが国初の鉄道が開通しているので、大きな影響は受けないですんだのかも知れない。

この新橋―横浜《よこはま》間の鉄道敷設は、私も含め周知のことかも知れないが、これに続いた鉄道敷設のこととなると、鉄道マニアでなくてはなかなか分からないのが現実だ。

東京駅が誕生する前の都心部の鉄道網

そこで、鉄道敷設を調べていくと、それぞれの開業年などが明らかとなるのだが、なかなかどうして鉄道各社入り乱れて複雑だ。そこで、次のように捉《とら》えてみよう。

まず、最初に官営で敷設された横浜―新橋間だが、これを都心に入った南ルートとする。で、次に開業された熊谷《くまがや》―上野《うえの》間を北ルート。これは民間の日本鉄道（現・ＪＲ東北線、上越線など）が一八八三年（明治十八）敷設している。このほか、東と西については、東からを総武鉄道（現・ＪＲ総武線）が一九〇四年（明治三十七）に両国《りょうごく》まで、同年、八王子《はちおうじ》からの路線をもつ甲武鉄道（現・ＪＲ中央線）が飯田町《いいだまち》から御茶ノ水《おちゃのみず》まで延伸している（11ページ、図参照）。

こうしてみると、都心の中核、東京駅周辺がすっぽりと抜けていることが分かる。この区域、つまり、現在からの後講釈でいうと、北は上野駅から東京駅まで、南は新橋駅から東京駅まで、東は両国駅から秋葉原《あきはばら》駅まで、西は御茶ノ水駅から神田《かんだ》駅まで――という中心部が抜けている。

この中心部に鉄道が敷設されなかった理由は定かではないが、次のようなことが挙《あ》げられる。

その一つは日清戦争、日露戦争と戦争が続き、官営での鉄道敷設の資金が集められなかったこと。

もう一つは人家が密集していること。当時は鉄道敷設に反対する住民が多く、これによって、山手線なども人家が少ないエリアに路線を変更したり、駅舎も町の中心から離れたところに設置するなどの苦労が見られた。

人家が密集しているとその分、反対運動の激しさが増すのも事実だったろう。実際、一八九〇年（明治二十三）には、下谷《したや》区民から上野—秋葉原間の鉄道建設について反対訴訟がおこされている。

もう一つは皇居、つまりわが国の国家元首のお膝元に鉄道を通すというのは不敬であるとともに、治安上からいっても不適切である、という考えだ。

現在の東京駅（当時・中央停車場）が建設されたのは一九一四年（大正三）。これは第一次世界大戦が勃発した年なので記憶に留めやすい。この開業日には、青島《チンタオ》陥落の祝勝記念（当時、日英同盟を組んでいたためドイツは敵対国だった）と絡めて、開業祝賀会を開催している。

東京駅が開業するのに合わせて東西南北からの路線が延伸されたため、この中心エリアは、みな大正以降、と理解する方も多いが、実は、東京駅に入る南からのルート、山手線の新橋駅から有楽町《ゆうらくちょう》駅の間が一九一〇年（明治四十三）完成し、御茶ノ水駅から神田駅に入る西からのルートとして一九〇八年（明治四十一）には昌平橋駅《しょうへいばし》（万世橋駅《まんせいばし》ができるまでの仮駅）、そして一九一二年（明治四十五）には目の前に繁華街の連雀町《れんじゃくちょう》をみる神田川沿いの万世橋のたもとに万世橋駅が開業している。

皇居前に東京駅が開業できることになってはじめて周辺からの鉄道が敷設されたのだから、周辺の駅がずいぶんと先にできているのは、つじつまが合わない。実は東京駅が計画されたのは一八八九年（明治二十二）、基礎工事に着手したのは一九〇八年（明治四十一）三月。工期四年で完成させるはずであった。設計変更に次ぐ設計変更を重ね、当初予算の九倍以上の予算を消費し、六年の歳月を費やしようやく完成させたのだった。

建設業の世界には予算が通りやすいように、当初予算は最小限にとどめ、その後、設計変更とともに金額を増やしていくという「小さく産んで大きく育てる」という手法があるが、このシステムは明治時代からあったことがここで明らかとなる。こうしたことから、他の路線が先に竣工してしまったところもあったのである。このあたりが、歴史というのは単純な図式でおさまらない、ということなのだろう。

なぜ高架化されたのか

ともかく、基本的に東京駅が大正期に入って開業し、その駅をめざして各路線が延伸されたのだが、このエリアはそれまでの盛土《もりど》などではなく、高架橋を用いて敷設されている。

では、なぜ高架橋が採用されたか。地上を走るのではだめなのか。理由として挙げられるのは、そのあたりは人家が密集していることだ。当時の列車は、一九〇四年（明治三十七）に甲武鉄道が電車を走らせているが、基本的に石炭を焚《た》き、蒸気のエネルギーを使って進む蒸気機関車だ。煙をもくもくと吐き出すほか、実は火の粉も飛び散らせながら走る。♬汽笛一声新橋を……と、一八七二年（明治五）九月に出発した汽車は、その火の粉がもとで翌年の一月には蒲田《かまた》で火災を引き起こし、五軒の民家を焼き尽くしており、さらに代々木《よよぎ》の御料地《ごりようち》が燃えさかったこともあったという。

田畑を通り抜ける鉄道路線では高架の必要はないが、人家が密集する市街地を通すには高架が有効だ。高架にすることで家並みより高い位置を通過することになり、煙による影響が少なくて済み、危険と隣り合わせの踏切をなくすこともできる。さら

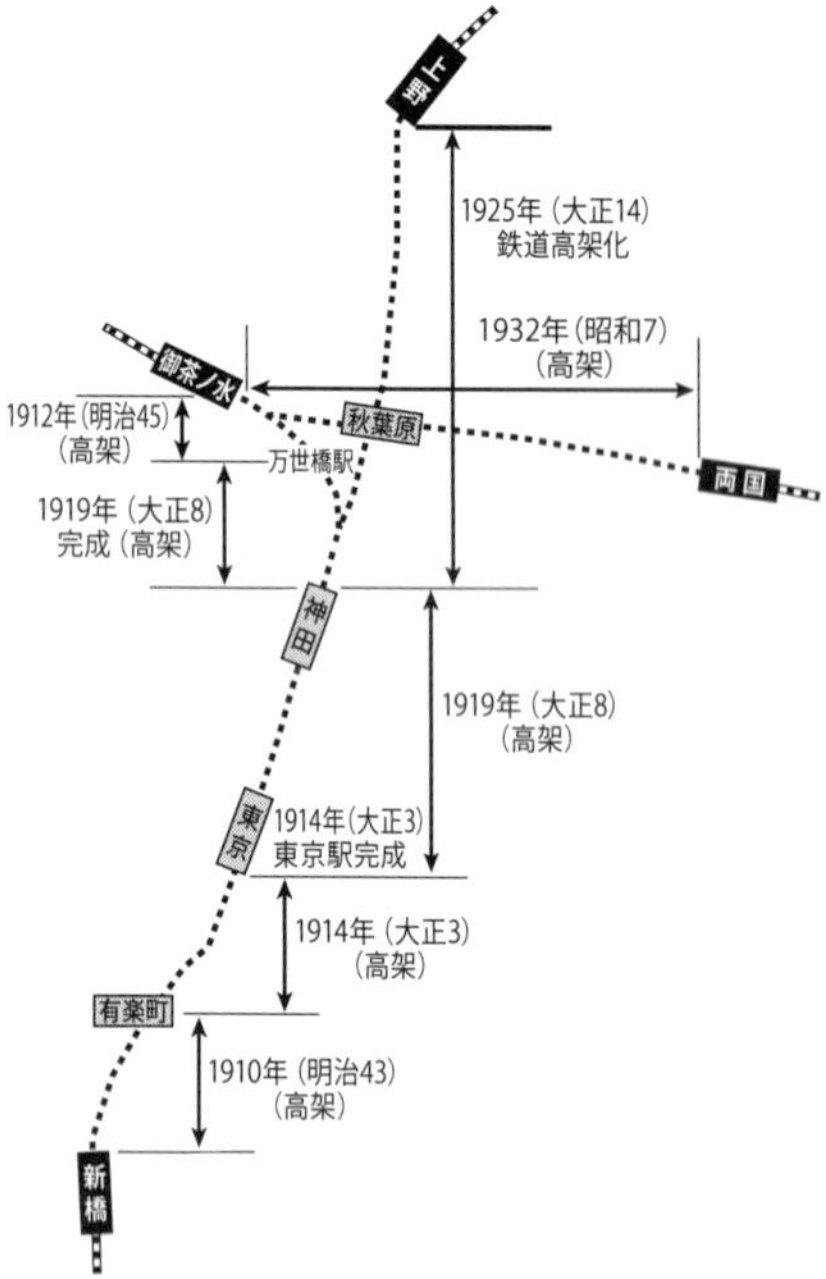

東京駅開業に合わせた鉄道網。いずれも高架橋で建設されている

に、高架下は通り抜けられるため、交通渋滞の要因ともならない。もちろん、用地買収費が必要最小限で済む、ということも高架橋採用の大きな理由として挙げられている。

これが現在のガード下の誕生に繋《つな》がる（上野―東京間は当初路上だったが、のち高架化）。この高架橋下が現在も続く魅力あるガード下を形成しているのだ。

ガード下の所有者

ところで、ガード下の所有者は誰なのか。

建設事業費の九割ほどを公的資金で賄《まかな》う現在の高架橋建設まで含めて、戦前からのものも現在のものも、ガード下は鉄道会社のものである。この物件を鉄道会社が土地と桁下までの空間を貸し出したり、賃貸物件として貸し出したりしている。借り手からいえば、一方は借地、一方は借家。借地は自分で家を建てなければならないが、借家は、できあいの建物を利用するだけとなる。

ということで、ガード下はきちんとした不動産物件である。

ただ、古くから貸し出されている物件については、権利・所有関係がかなり入り組んでいる物件もあったようだ。これらは、鉄道会社が細部にわたって難しい条件を付けずに貸し出したケースに多い。これを「裸貸し」というが、又貸しなど、さまざまな課題がもちあがり、現在では、鉄道会社が不動産の管理運営会社を通して店子《たなこ》に貸すシステムをとっている。鉄道会社を役所に見立てれば、天下りの子会社を通している形ともいえるが、これによって、権利の複雑化を抑えているようだ。

この権利の複雑化を含め、抽象論として「戦後のどさくさに紛れてガード下を不法占拠し、居座っている」などという根も葉もないことが流布《るふ》されることが多い。これに外国人への差別意識が重なり、話を膨《ふく》らませる者も多い。だが、実際のところ、法治国家であるわが国でスクワーター（squatter＝不法占拠）など許されるわけがない。

今では、代官山《だいかんやま》は高級住宅街となっているが、たとえば、関東大震災後、たしかに代官山などにもバラックが建ち並んだ。しかし復興住宅を建設するという大義名分を掲《かか》げ、占拠している住民を立ち退《の》かせた。その地にお洒落《しゃれ》な鉄筋コンクリート式の集合住宅を建て、不法占拠した者には入れない高価な家賃設定をし、排除したのだった。これが同潤会《どうじゅんかい》の一つの目的でもあった。

戦後も、戦災により住宅を喪失した罹災《りさい》者が焼けトタンで小屋を建てたり、防空壕を利用して暮らしたりする者がそこここに溢《あふ》れたといわれるが、これとて、政府は漫然と指をくわえて見ていただけではない。六大都市への転入抑制を施行するなど法的に人口の流入を抑えるとともに、住宅建設本部を立ち上げ、地方公共団体や住宅営団を通して応急簡易的住宅建設を進めている。

もちろん、これだけで住宅需要が賄えたわけではなく、これらの住宅から溢れた者も数多くいた。とはいえ、当時を記憶する者の話から、どうにか屋根付きの家に住み替えたことは想像できる。

こうした、不信感まで含めたイメージがガード下といえばガード下なのだが、では住所は？

ガード下は公的な道路ではなく私有地なので、番外ではなく、きちっとした所番地の住所が配分されている。もちろん、郵便物も通常の配達として扱っている。このため、多くのガード下住居で郵便受けが確認できる。

ガード下の範囲

本書で扱うガード下の範囲であるが、建運協定《けんうん》（「都市における道路と鉄道との連続立体交差化に関する協定」）を参考にしてみよう。同協定では、高架橋に沿って整備が進められる側道についても言及している。

そこで、鉄道高架線の「桁下《けたした》」のほか、その高架線整備にともない誕生した騒音な

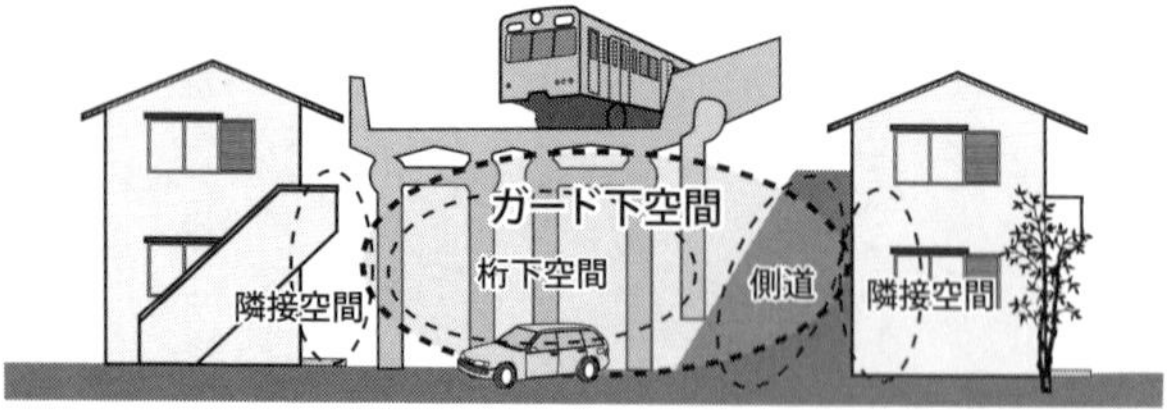

どを緩和する環境側道までをガード下として取り扱うこととし、「側道を隔てて隣接する建築物」および高架線に「直接接する建築物」を、ガード下に大きく影響を受けた隣接地帯として扱うこととする。

これらが、ガード下が直接影響を及ぼす範囲、といっていいだろう。

＊建運協定については、本章40ページの「ガード下の利用配分と自治体の持ち分」参照。

歯牙《しが》にもかからないガード下研究の現状

学際としてのガード下

わが国におけるガード下は、明治から大正にかけて誕生したのが最初だが、そのガード下はどのようにして利用されてきたのだろうか。ガード下空間の利用についての研究は、どこまで進んでいるのだろうか。

利用形態を調べるため、各社の社史を覗《のぞ》いてみよう。社史を綴《つづ》ったなかには、日本の鉄道開通から戦後の高度経済成長期の一九七二年（昭和四十七）までの百余年の歴史を綴った『日本国有鉄道百年史』（全一九巻）という膨大な資料がある。一万ページを超す膨大な著書である。この資料をあたってみよう。日本国有鉄道とは現在のJRの前身企業だ。

同書を読み進むと、明治時代、すでに駅舎内で新聞を販売、さらに売店を設け小間物（なんとも時代がかっていて嬉しい！）を販売したこと、などが記述されている。さらに、構内食堂を設けたといったことも「駅構内での営業」という見出しを立て、誇らしげに書き込んでいる。現代流に言葉を変えていえば「駅ナカ」である。

ところが、この一万ページをめくってみても、駅間の高架下で何をやったかという記事は、一カ所のみ。一九三一年（昭和六）、「貨物輸送の付帯事業として秋葉原駅にはじめて直営倉庫を設置して、営業を開始した」という「倉庫としての利用」との紹介文が載るのみである。

これらは何を意味するのだろうか。社史を鵜呑《うの》みにすると、一九七〇年代当初まで、有楽町のガード下や、上野のガード下に展開されるアメ横、秋葉原のガード下電気街はなかったことになる。そこで、現在のＪＲに問い合わせてみたが、「ホームページで公表している情報以外は公開できない」という官僚的な答えで遮断されてしまった。隠すほどのことではないと考えられるが、さらに追求すれば、「プライバシーの侵害にあたる」という優等生的な答えが用意されているのだろう。

他の鉄道会社はどのように扱っているのだろう。たとえば、都内の民間鉄道会社として、もっとも古く長い高架橋をもつといわれる京成電鉄。京成本線のガード下利用はさまざまなバリエーションがあって、デザイン性も含め、とても豊かであった（二〇一二年現在、耐震強化中）。ところが、社史のどこを見てもガード下のことは登場してこない。土地取引と住宅建設という不動産業への進出とその成果は華々しく飾られているものの、ガード下についての記述および写真の掲載すら見出すことができない。

そこで、ある私鉄の取締役を経験したＯＢに話を聞いてみた。すると「それってうち（本社）じゃないよね。子会社がやってることじゃない？　不動産のほうはまったく分からないし、知り合いもいないな」とつれない答えで終わってしまった。自己ＰＲの際の取材には実に積極的に話してくれた姿と重ね合わせるとその対比が大きい。おしなべて「興味ない」というものだ。

実務の世界で扱われないのなら、ガード下を扱っている学者たちの研究成果を追ってみよう。

が、その前に言葉の概念を確認しておこう。ここで、建設と土木、および建築について解説しておく。

建設の教科書の一番最初のところに出てくることなのだが、「建設」とは、土木作業の「土木」と建物を建てる「建築」を表わす用語で、いわば全体の概念だ。土木のことも建築のことも構築する際、建設という。ただし、建築というと建設の中の一つの概念なので、建築といってしまうと土木の概念は含まれない。このへんを踏まえて読んでいただけるとありがたい。

で、鉄道高架橋建設は土木で、一般的に駅舎も土木の方で設計、施工してしまう。そこで、担当するのは土木の先生方、となる。土木の先生方にこのへんのことを問いただすと、たしかにハード面としての工法開発などは進めている。と同時に、高架下空間の利用についても学会内部で話題になる。その際には話は盛り上がる。ところが、旗振り役がいない、ということなのだろうか。その熱も時間の経過とともに冷め、いつしか自然消滅。それが忘れた頃にまた噴き出し、と間欠泉のようなテーマになっているのが実態のようであった。

たしかに高架橋は土木の設計、施工となるが、高架下空間は明らかに建築物。そこで、建築の世界で直接的にガード下をテーマに取り組んでいる研究グループがあるか調べてみた。ところが、これは担当違いであった。調べていくと、あえていえば、都市計画が担当である。とはいえ、都市計画といえども、その成果はいかがなものだろう。

むりやりどこの分野に入る、と入れ込むより、素直に「学際《がくさい》」というのがもっとも適しており、どこのグループからもはみ出した分野であるのは間違いない、というのが現状といっていい。

ガード下のイメージ

誰もが抱く「ガード下」のイメージとは

ガード下のイメージというと騒音と震動、それに赤提灯街ではないだろうか。料理は、形容矛盾だが、タレがしたたり落ちるほどたっぷりついたブタの焼き鳥。待つことしばらく。多少火が通っていなくってもへっちゃら。これが香ばしい香りをあたり一面に漂わせる煙のなかから現われる。

こうしたガード下について、かつて有楽町にあった朝日新聞社に勤めていたことのある川本三郎《かわもとさぶろう》は、『「ガード下」の町、有楽町』というタイトルのエッセーのなかで、想い出を含めて有楽町のガード下の印象についてこう書いている。

「一画全体に屋台の縁日のような雰囲気がある。ここが銀座の一角かと思うほど人間臭くてこの横丁に入り込むと落ち着いた」。

そして、

『ガード下』というのは町のなかの裏通りではあるのだが、それは決してさびれたところではない。むしろ町で暮らしているさまざまな人間の喜怒哀楽が、まるで焼き鳥の煮込みのようになってぐつぐつとたぎっている人間臭い場所でもある」

と分析する。「煮込みのよう」とは実にうまい表現をするものである。と同時に、「ぐつぐつとたぎっている」とは、ガード下に集まる客たちの脂ぎった生命力をよく捉えていてみごとだ。冷暖房完備の日本料理店内で、社内の不平不満を熱弁していたら顰蹙《ひんしゆく》ものだが、声を打ち消されながらのガード下で同じことを熱く語る場合、「そうそう、そうなんだよ」という賛同と、仲間にしか通じない笑いに包まれ、煙と笑い声に包まれた世界にもなる。

ガード下といえば安価な居酒屋。けっしてフランス料理のフルコースを美味《おい》しくいただく、というところではないだろう。ガタゴト、ゴーゴー――震動と騒音にまみれたなかでテリーヌや鴨のコンフィを食したのではもったいない。雰囲気も味のひとつだ。

エッセイは続く。

「――『ガード下』には差というものがない。ここに入ると中流も下流も、男も女も、老いも若きも、みな同じ『ガード下の客』になる。そしてビールやチューハイを飲みながら焼き鳥をほおばる。そんなときだけ『ガード下』は一瞬の桃源郷になる」

ガード下がわれらのシャングリラになるのかどうかは別として、誰でも座れば友だち、という一瞬の幻想的共同体が形成される空間であるには違いない。これが料金を支払って飲みにいく、何ものにも代え難い大きな価値となっているといえるはずだ。

ガード下を横断する通路脇の居酒屋は、路上までテーブルや椅子を広げる。これも独特の空気を生みだすガード下の光景である。店内での音、震動に加え、そこは路上である。寒い冬はさらにひたすら寒く、湿気の強い暑い夏にはさらに暑く、汗を流しながら、冷たいビールと冷奴《ひややっこ》でカラダを冷やす――というシチュエーションで

東急大井町線大井町駅付近のガード下にて

飲むことを強《し》いられることになる。これもなぜか、魅力の一つになっているのだろう。

一方、側道に面した縄のれん風の飲み屋は冷暖房が効《き》いた店内のみのスペース。カウンターといくつかのテーブルが備わったこぢんまりしたスペースが一般的で、個性豊かな店主の城内での飲食だ。「口が悪く偏屈で……」などと客はいいながらも、実はその個性に惹《ひ》かれ通っていたりする。店主とのやり取りも楽しい。

という生命の息吹と猥雑《わいざつ》さが入り交じった酒場を騒音と震動でさらに盛り上げているというのがガード下のイメージなのだが、実際には、ガード下学会で遊歩し、日が暮れてガード下で一献《いっこん》傾けていると、その騒音、震動が聞こえてこない。ワイワイ、ガヤガヤ、鉄道騒音よりわれわれの方が煩《うるさ》いのかも知れないが、私が週一～二回通っている近所のガード下の立ち飲み屋（東京メトロ綾瀬《あやせ》駅付近）も実に静かだ。しかも、有線だそうだが、テレビもしっかり映り、画面のゆらぎもない。

ウラ町イメージの理由

鬼っ子としてのガード下

川本三郎も書き込んでいるように、実際は駅近くのメインエリアであるにもかかわらず、ガード下を「町のなかの裏通り」と捉える人は多い。これは社史に登場しないことと関係があるのではないだろうか。

鉄道高架橋の駅を高架駅という。鉄道会社は、この駅舎の有効利用を図ってきた。『日本国有鉄道百年史』でも、各年代の駅舎での販売業務を詳しく書き込んでいる。ただ、私たちが知りたいのはガード下空間の利用である。この社史の中で、唯一紹介されている秋葉原の倉庫をみてみよう。

社史によると、この秋葉原倉庫は、輸送中の一時的な保管場所としての使い方であることが判明する。これは、明らかに、駅と駅との間に駐車場や倉庫として使用しているものとは考え方が違うといっていい。あくまで鉄道輸送を助ける役目を担《にな》っていた。

この社史に登場している倉庫利用と、現在残されているガード下の倉庫利用の違いは、どこにあるのか。前者は鉄道輸送を補完するものという位置付けができる。一方、後者はどうだろう。鉄道輸送とはまったく無関係な価値の創造である。この意味で、メインの鉄道輸送とは、まったく関係がないガード下空間の利用は、社史においては鬼っ子扱いにされている、ということができる。

既成概念の破壊と、革命的な「意味の読み替え」

駅舎を営業に使う駅ナカの開発は、派手な宣伝を展開してオモテ舞台に立たせているのにもかかわらず、ガード下利用についてはなぜ、そもそものなり立ちから隠さなければならないのだろうか。

これについては、このように考えられるかもしれない。人・モノを運ぶのが鉄道輸送の目的で、駅と駅の間はあくまで通路。その通路下が空《あ》いているから使おうというのはあくまで副次的な利用。人やモノを輸送するという本来の業務とはまったく交わらない。あえていえば、鉄道会社がやるべきものではない。

つまり通路である高架下空間を金を取って利用させるということに、抵抗感があったのではなかろうか。通路下の利用は立派な価値創造なのだが、「うしろめたさ」の影を見ずにいられない。だから社史にも書き込めない。

副次的な利用法から一歩踏み出し、ガード下の使用を正々堂々と進めるには、それまでの鉄道輸送の既成概念をいったん破壊しなければ出発できなかったかも知れない。価値の薄い通路という既成概念を破壊し、それを読み替え、新たな解釈で新たな価値を創造する。これ自体、革命的な発想の転換だ。

鉄道関係者に認知されるのに長い長い時間を要したことが、社会的に認知されている現在においてもガード下＝裏町のイメージが払拭されない理由のひとつなのではないだろうか。

こんなことも含めて、さまざまな推測が可能なのがガード下のなり立ちである。

理由はどうであれ、ガード下利用が始まって以来、ガード下は、町の中心にあるにもかかわらず、ウラ町としての印象とイメージに包まれ、一種独特のガード下文化を生みだし、現在では世の中のためになる社会的な使命を担《にな》う空間利用も次々と誕生してきている。

ガード下の魅力

「一つ屋根の下」ということ

ガード下にはさまざまな利用形態があるが、どのような形態で使用されようとも、みな同じ桁《けた》の下に入居しているのが共通項だ。視線を、橋脚《きようきやく》や桁の上部に向けてみよう。すべてのガード下とはいえないのだが、そのほとんどに団地のように番号が振ってある。このことからガード下は団地と同じ集合住宅であることが分かる。

ガード下住宅と団地？　似ても似つかないと思われるかも知れない。ガード下には前と後ろしかなく、側面がない。側面がない、というのは隣りの建築物との間に空間や道路がないということだが、これは団地も同様だ。角部屋以外は壁一枚でお隣りである。

ガード下の飲食店も同様で、一つの同じ桁の下に出店していることになる。ただ、住居として利用している者も、店舗併用として利用している者も、あるいは飲食店として利用している者も、高架橋にナンバーが振られているが、団地のような画一性はない。個々それぞれ個性豊かな建築物を構築している。ガード下にある店は、一つのコンセプトに基づいてレイアウトと出店計画を進める駅ビルには入れないような店である。この個性を表現できるのがガード下空間だ。

ところで、一つ桁の下というと、住宅ならつくった料理をお裾分《すそわ》けしたり、飲食店なら足りなくなったご飯を隣りの店に借りに行ったり――という人情長屋をイメージしてしまうが、ガード下の一つ桁の下ではこのようなべったりした関係はみられない。暖簾《のれん》を

上：JR上野駅―御徒町駅のガード下。橋脚上部にナンバーが振られている
下：東京／足立区内の公営住宅。棟ごとにナンバーが振られている

東急大井町線大井町駅付近のみごとなガード下住宅群

潜って、店内に入ればそこは偏屈なオヤジとごった煮状態の客たち。「みな友だち」の幻想的な共同体ができあがるが、隣りの店の客とは赤の他人という、まさに必要以上にべたつかず個性を尊重する現代社会の癒《いや》しのオアシスといえる。

一つ屋根の下構造とは、

Σ個々の個性＝ガード下

これが、ガード下の魅力といえるのではなかろうか。このガード下には溢れる生命力が息づいている。人も建物もそうなのだ。

＊Σとは全体という意味。

ガード下を法律で見ると……

基本は建築基準法

さて、ガード下に建築物を建てる際、RC（鉄筋コンクリート）造りで躯体《くたい》はしっかりしているので、中には何をつくってもいい、というわけには残念ながらいかない。建築基準法の総則のなかでは「高架の工作物内に設ける事務所、店舗、興行場、倉庫その他これらに類する施設」を建築物とするとしているため、しっかり建築基準法の網のなかに組み込まれることになる。物置小屋を建てるのとは一緒にならない。

では、まず建蔽《けんぺい》率。敷地面積当たり何パーセントまで建てていいか、つまり建坪の割合のことだ。ガード下の場合は建築基準法により、巡査派出所、公衆便所、公共用歩廊その他これらに類するものとされ、建蔽率は適用されない。したがって、敷地内、目一杯建てていい、というわけである。

細部にわたる行政指導

建築基準法を踏まえても、ガード下空間が理解できないこともある。たとえば、ガード下を横切る通路。駅と駅の間、たとえば一キロにわたって高架橋で塞がれていると、町が遮断されるというだけでなく、住民にとってもすぐ目の前の店や公園にも行けないなどきわめて不便だ。こうした問題は建築基準法では、なんら規制していない。したがってこうした通路などについては、東京消防庁をはじめとして、防火上の行政指導の対象となっている。

避難および消防活動上必要な通路

(1) ガード下横断通路

a　ガード下の両側に側道が整備されている場合には、一〇〇メートル以内ごとに三メートル以上の幅員の通路を設ける。

b　ガード下の一方のみしか側道が整備されていない場合には、五〇メートル以内ごとに三メートル以上の幅員の通路を設ける。

側道が一方のみの場合には、より厳しい行政指導となっている。
幅の広いガード下の場合、側道側からではなく、ガード下の中に通路が設けられ、その通路を利用することができるところがある。これについては、次のような行政指導がある。

(2)　ガード下内部通路

a　ガード下の両側に側道が整備されている場合には、三〇メートルを超えた際、三メートル以上の幅員をもつ内部通路を設ける。

b　ガード下の一方のみにしか側道が整備されていない場合には、一五メートルを超えた際、幅員三メートル以上の内部通路を設ける。

横断通路同様、側道が一方のみの場合には行政指導の基準も厳しくなっている。
このほか、「高架工作物と高架下建築物との間（梁《はり》のある場合には梁下から）には八

○センチ以上の煤煙上有効な空間を設けること」(内部通路四メートル以上)といった行政指導もある。これに適合した場合には、消防用設備などの適用にあたっての優遇措置が講じられることになる。新たに高架化されている路線や高架下空間を再整備したところなどで、桁下と構築物との間にすき間が空いているのはこのためだ。

中には、空いた空間の表側をルーバーなどでデザイン的に目隠ししているガード下も見受けられる。

ガード下の利用配分と自治体の持ち分

ガード下を形成する鉄道高架橋を施工することを、都市計画上、連続立体交差事業という。何かと話題の多い道路特定財源(ガソリン税など)をもとに自治体が事業主体となって進める。事業費の九割は補助金で、残りを鉄道事業会社が負担する形となる。

ということで、ガード下自体は鉄道会社の所有物だが、ガード下ができあがったあとは、地方自治体も使用したいと考えるのは当然だ。そこで、地方自治体も使用する

ガード下の利用配分

ガード下の両側に側道がある場合の横断通路設置

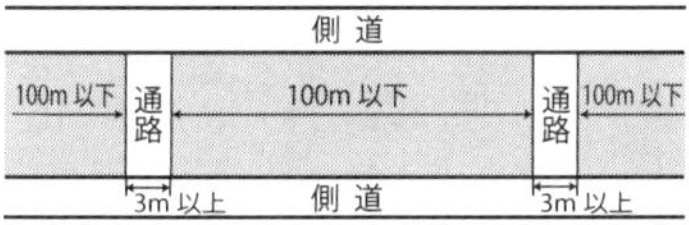

ガード下の片側にしか側道がない場合の横断通路設置

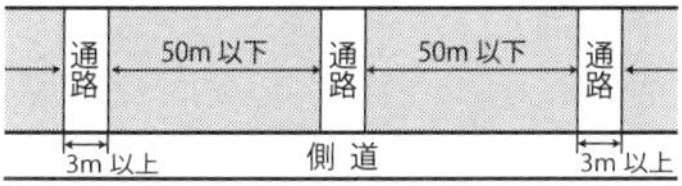

ガード下の両側に側道がある場合の内部通路の設置

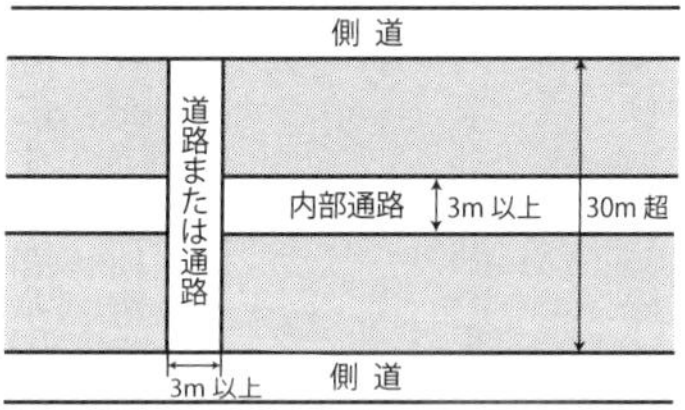

ガード下の片側にしか側道がない場合の内部通路の設置

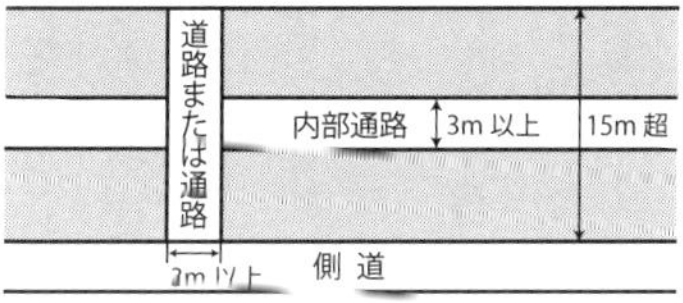

桁下との空間設置

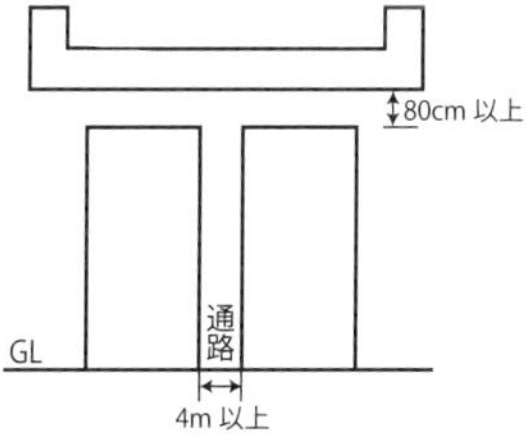

権利が認められるようになっている。それがいわゆる「建運協定」である。

建運とは、協定締結当時の建設省と運輸省のこと。一九六九年（昭和四十四）、建設省と運輸省との間で締結された協定で、正式名称は「都市における道路と鉄道との連続立体交差化に関する協定」、および「同細目協定」（一九九二年に一部改訂）である。

この建運協定は、国または地方公共団体が高架下を利用する場合、貸付可能面積の一五％までは公租公課、つまり税金相当額として無料で使用できるとしている。現在、旧建設省と旧運輸省は国土交通省として統合されたため、この締結内容は同省の通達と同じ扱いとして運用されている。

一九六九年という年は、ちょうど東京都心部のＪＲ中央線や常磐線が周辺の人口増加に伴い複々線化を計画し、線路を高架化した年である。これにより、自治体もガード下利用が地代なしでできるようになり、駐輪場などに利用しているが、現在進められている小田急線では福祉施設を入居させるなどの工夫もみられる。

何に使われているのか？

多岐にわたる用途

ところで、これまで、ガード下と一言で括《くく》って話を進めているが、このガード下空間にはさまざまな建物があり、利用形態があることに気づく。これらはいくつかのグループに分けられることが分かる。

(1)　店舗
(2)　事務所
(3)　住宅
(4)　倉庫
(5)　駐車・駐輪場

店舗は飲食系と物販系に分けられる。どこのガード下も駅舎に近い地域が店舗となっている。

事務所も比較的駅舎に近いところで、こちらは、あえてガード下を強調することなく、駅近くの物件、事務所として利用されている。

住宅も駅舎に近く、きわめて便利。ただ、こちらは事務所系と違い、個性豊か。独自のガード下住宅文化といったものがあるといえる。

倉庫は駅舎からはやや距離があるが、トラックが入り込み、荷積み、荷下ろしを繰《く》り返すので、駅から遠い方が好立地ともいえる。中には、一日中倉庫前に車が駐車している、なんてガード下もあるくらいだ。倉庫は一見、味気ない単なる箱に見えるものの、利用期間はどこも長く、近代建築遺構に匹敵す

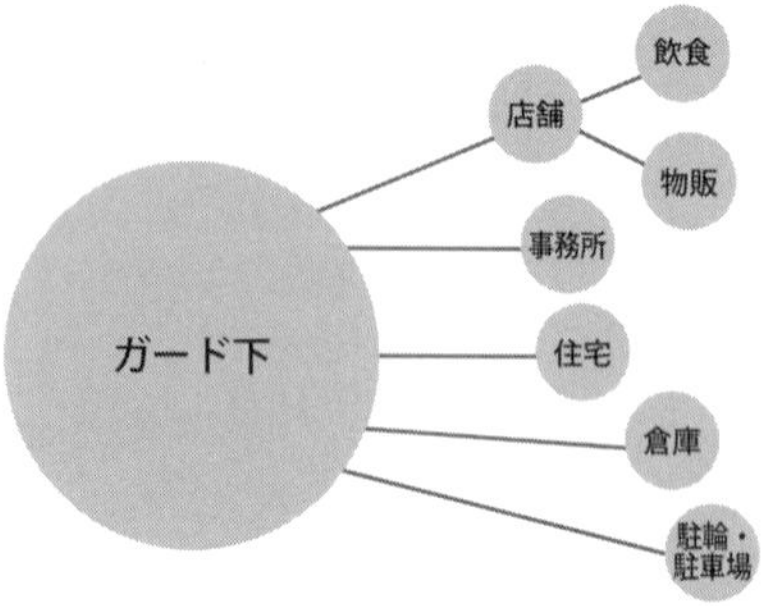

ガード下の利用用途

るような構造物もたくさん見ることができる。赤提灯の飲食系が生命力溢れる「動」であるのに対し、こちらは「静」の魅力を訴えている。

駐車・駐輪場は一つに括ってしまったが、駐車は鉄道のグループ会社などによる不動産事業、駐輪は公共事業者が住民サービスとして運営するかたちとなっている。いずれも駅舎からは店舗利用のエリアを経た距離となる。これらは倉庫系とともにガード下に馴染《なじ》みきった存在で、両者はガード下になくてはならない存在にまでなっているといえる状態である。駅舎からの距離は店舗系がもっとも近く、倉庫と駐車・駐輪場系がもっとも遠い。人通りの多い駅前はガード下としての商品価値が高いということが、ここで明らかとなっている。

どのように使われているのか？

ガード下も立派な住まい

a　ガード下の契約内容は？

賃貸物件としてのガード下の契約とその契約内容は、どうなっているのだろうか。

橋脚の耐震補強が済んだところは、一般の不動産物件と同様に入居を募集している。もちろん、人気の地域、不人気の地域はある。

貸し出す方は、「又貸しが始まると、権利関係が複雑になってしまう」というこれまでの経験も踏まえ、現在では鉄道会社が直接店子に貸し出すのではなく、不動産を管理するグループ会社を通して貸すようになっている。

ちなみに、ガード下における土地の賃貸借については、借り手の権利が大きく認められてきたが、阪神淡路大震災後、全国の高架橋の耐震補強を進めるにあたって、事業者の権利が大幅に認められるようになった。このことは、鉄道会社がいつでも自由に店子を追い出せることにも繋がるが、ガード下においても事業者にとって自由な展開ができるようになってきた。

さて支払方法だが、現在募集されている物件は、不動産管理会社に振り込むことになるが、古い物件については不明、というのが実態である。ただ、神戸の御影《みかげ》については、鉄道会社と市場を形成する商店街との契約により、御影旨水館《しすいかん》市場は組合を通しての支払、それに続く大手筋《おおてすじ》商店街は組合を通さずに居住者の代表が地代をとりまとめて納め、その他の利用者は阪神電鉄と直接交渉して支払っている――と、さまざまである。

b　一軒の幅は？

各建築物の大きさは橋脚のスパンがだいたい五〜六メートルなので、三軒間口（約五・四メートル）は十分に確保されている。近年の、一階を駐車場にした二〇坪弱の敷地に建てられた三階建て住宅よりも、遥かに間口は広い。

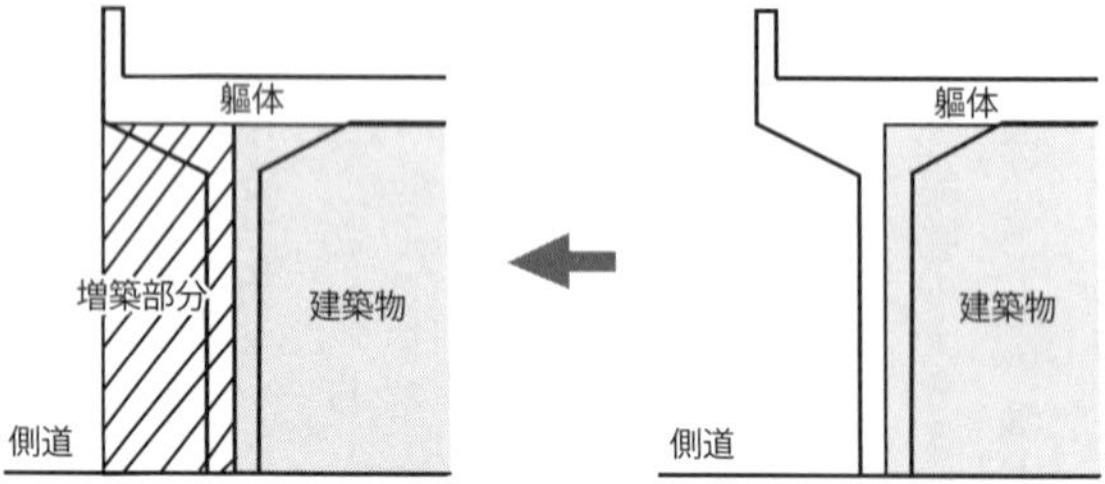

増設はこの部分で認められている

ガード下というと「狭い」というイメージをもつが、これは周囲の構造物が極端に大きいため小さく感じるだけで、実は一般住宅と変わらない広さをもっている、ともいえる。

c　利用形態は変わる

ガード下には、定住型の専用住宅として使用している人のほか、店舗併用住宅として定住している方々がいるが、入居者の高齢化と子どもたちの独立などもあって、仮住まいとしてしか使用していなかったり、以前は定住していたが、現在は近隣に居住し、店舗のみでしか使用していないなど、一軒の家のなかにあっても、その利用形態は大きく様変わりしている。

「仕事と住居の分離」や「持ち家を手に入れたい」といっ

たことが移転理由として挙げられている。

d　騒音は気にならない！

住宅利用を含め、ガード下空間の利用者からは、電車の通過音に関して「一階は気にならない」「慣れた」という声が多い。もっとも気になるものとして、日照時間の短さを挙げる者が多い。

e　増設

どこにでもみられるのが、各建築物の増設だ。当初は、高架躯体《くたい》の橋脚の中心線までを範囲として建築されているものが多かったが、空に向かって伸ばせない分、増築の際には高架躯体の迫り出し部まで広げることになるのが一般的。なかには屋根を道路側までせり出させて増設するものもある。

時代区分でみるガード下

さまざまなガード下の現状

ゴーッ、グゴーという轟音とともにコップの中の酒がゆれ、相手の話が遮《さえぎ》られる。赤提灯が並ぶガード下の光景だが、どこのガード下もこのイメージで訪ねると裏切られる。このイメージが当てはまるのは、戦前に高架化したガード下の場合で、戦後、高度経済成長下に高架化されたガード下や、現代、次々と進められている高架化でのガード下には明らかにその実態に違いがある。このため、大きく三つに分けて考察してみよう。

(1) 明治・大正期から昭和の戦前までに敷設された鉄道高架橋下
これがガタピシ、ゴーゴーの世界だ。

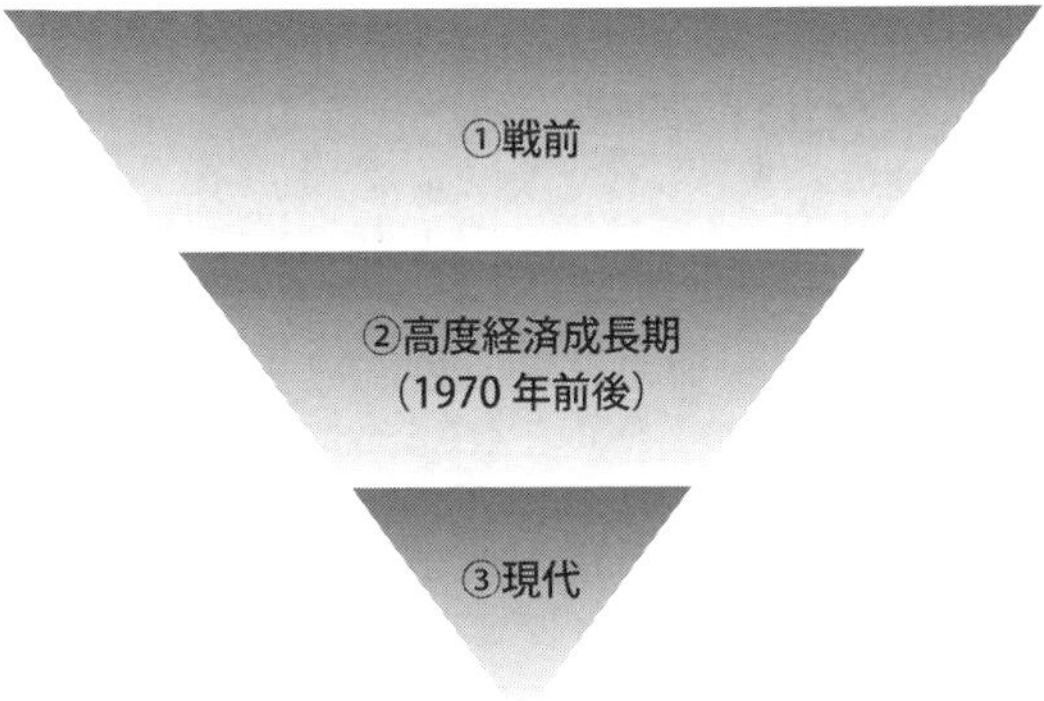

ガード下の騒音は小さくなっている

(2)　高度経済成長期の鉄道高架橋

ガタピシ、ゴーゴーから数十年、戦後わが国の高度経済成長のなかで、鉄道輸送も増大化し、鉄道は単線から複線、複線から複々線へと拡大。その拡大を図るなかで、線路は地上から空中へ上げられた。それが一九七〇年前後の鉄道高架化である。これにはＪＲ中央線や常磐線の高架化が挙げられる。

(3)　現代の高架化

京王線の高架化、小田急線の複々線化にともなう高架化など、現代版ガード下である。これらはスッキリ、爽《さわ》やか。ガード下で立小便をしよう、などという輩《やから》は出現しないだろう。

戦前に誕生したガード下

JR 有楽町駅付近

高度経済成長期に誕生したガード下

東京メトロ綾瀬駅付近

現在進行中のガード下

小田急線
千歳船橋駅付近

II

生命力あふれるウラ町・ガード下の誕生

昭和のアーチ駅舎とブリキ住宅――JR鶴見線国道駅《こくどう》

最初に紹介したいのは、神奈川県横浜市にあるJR鶴見線《つるみ》の国道駅《こくどう》だ。プラットホームを跨《また》ぐ柔らかなアーチ、昼なお暗く奈落の底へと吸い込まれていきそうな深く急勾配な階段。そして人影もまばらなアーケード駅舎。アーチ形の構内が昭和の温かみを今に残している。

無限の幸福を生みだす、京浜工業地帯と鶴見線

国道駅を擁《よう》するJR鶴見線は、横浜市の鶴見駅から湾岸部を経由して川崎市の扇《おうぎ》町《まち》までを結ぶ。路線総延長は枝線《えだせん》を含め一〇キロメートル弱。途中、枝線で海芝浦《うみしばうら》と大川《おおかわ》へと延びている。海芝浦駅は駅改札口が東芝京浜事業所の門を兼ねているので（枝線の新芝浦駅―海芝浦駅間は東芝の私有地）、関係者以外ホームから出ることができないことで知られ、大川には日清製粉の工場や昭和電工の事業所などがある。このように各企業の工場・事業所を辿《たど》りながら進むのが鶴見線だ。

このエリアは、わが国の高度経済成長を支えた三大工業地帯（京浜、中京、阪神）のうちの一つ、京浜工業地帯だ。この三大工業地帯を繋げた太平洋ベルト地帯だけで日本の工業生産額の約三分の二を占め、なかでも京浜工業地帯は第二次世界大戦後、全国で最大の生産額を上げていた。

京浜工業地帯のなかの鶴見地域は、京浜工業地帯の生みの親といわれる浅野総一郎《あさのそういちろう》（浅野セメント〔現・太平洋セメント〕、浅野造船所〔現・ユニバーサル造船〕など設立）らが「鶴見埋築株式会社」（現・東亜建設工業＝マリンコンストラクター）を設立し、大正から昭和初期にかけて東京湾の埋め立てを行なった地だ。その埋め立ては現在まで進められており、旧日本鋼管（現・ＪＦＥ）、旭硝子、東芝、日清製粉などの大企業が進出し、工業地帯として発展を遂げているが、埋め立てと同時に浅野は、この埋立地に鉄道を通した。それが鶴見臨港鉄道で、一九四三年（昭和十八）に戦時鉄道体制強化を目的とする地方鉄道買収策に基づき国有化され、現在に至っている。これが現在

国道駅前の生麦魚河岸通り

のJR鶴見線だ。東芝の「海芝浦駅」のほか、その他の駅も基本的に駅前が企業の出入り口となっており、鶴見線は、日本の工業化を支えてきた代表的な工業地帯を走る路線であった。

海は一つ——工業化で失われた漁業の町と魚河岸

この鶴見地域の京浜工業地帯は、遠浅《とおあさ》の沖合が続くという条件から埋められたが、この条件は同時に漁業にも適していた。鶴見線国道駅は工業地帯というより、江戸時代からの魚河岸の町としての側面を備えている。

国道駅の南側出入り口前は、かつては大名行列が通る旧東海道で、西に向かって三〇〇メートルほどの道路両端に魚介類を中心として扱う商店が軒《のき》を連ねている。地名は横浜市鶴見区生麦《なまむぎ》。幕末の頃、生麦事件（薩摩藩の行列にイギリス人が乗った騎馬が入りこみ、そのイギリス人を薩摩藩が殺傷。これにより薩英戦争が引き起こされたが、皮肉にもこの戦いを契機に薩・英は親密な関係へと進む）があったところだ。魚市場の先、民家の前に「生麦事件勃発の地」の案内ボードが立てられている。

市場というと、東京・中央区の「築地市場」のように、しっかりと場内が塀で囲まれ、外と仕切られているのがそのイメージとなっている。しかし、関東大震災前まで営業していた日本橋《にほんばし》の魚河岸（震災後、築地に移転）には場内と場外の仕切りはない。江戸の

国道駅近くの路地。どこの路地に入っても鶴見川に出る。漁村など海沿いの路地は必ずといっていいほど海辺に通じる、というのに似ている

三大市場にかぞえられた千住《せんじゅ》の市場もかつては仕切りがなく、個々の卸《おろし》商店が街道沿いに建ち並ぶ市場だった（千住では、仕切りのない時代の町並みの名残を町おこしで再現している）。こうしたことから思いを巡らすと、この生麦魚河岸通りは、市場の原型をいまだに伝えている貴重な町である。

魚河岸通りの商店は小口卸専門で、「チャブ卸し」と呼ばれる卸業だ。戦後まもなくの一九四五年（昭和二十）頃には、卸商店が一六〇軒あった。それが、東京オリンピックが開催される頃には一四〇店、それ以降は年四～五軒ずつ減少していった。ある魚屋で「店を構えて何年目？」と尋ねると「四〇年、私で二代目だ」との答え。江戸時代から続く魚河岸にしては意外と短い。

生麦の漁業は日本の工業化、京浜工業地帯の拡大に反比例するように縮小してきている。都心に近い遠浅の海は工業立地としての好条件を満たし、埋め立てにより次々と人工島が誕生し、工業地帯が広がっている。

そして、大黒《だいこく》埠頭と扇島の埋め立て計画が発表されたのが一九六八年（昭和四十三）、その漁業補償が妥結したのが一九七一年（昭和四十六）。これにより、最後まで残ったわずかばかりの漁場も放棄されることとなった。以降、生麦魚河岸通りの商店街も卸商の後継者がいなくなったこともあり、廃業。店自体は廃業からまぬがれたものの、他人に貸し、つまり他所《よそ》から通いで商売をしに来る者も多くなったともいわれる。

一九七一年、京浜工業地帯の工業化は漁民から海を奪い、漁業を廃業へと追い込んだ。いま国道駅前の生麦は、漁師の活気を胸に秘め、たんたんと時が流れる静かな町並みを形成している。

残っていた昭和レトロ

ＪＲ鶴見線は鶴見駅を出発すると、店舗、事務所、住宅群を包み込む高架橋を経てＪＲ東海道線と京浜急行線を跨《また》ぎ、第一京浜と旧東海道、さらには鶴見川を橋梁で越える。東海道線・京急線を越える前は平屋程度の高架だが、いくつもの鉄道路線を越える高架橋は二階建て以上の高さになる。目線の高さのみでは全体像を目視できず、ぐっと首を曲げ視線を持ち上げなければならないほどだ。迫力がある。

この高さから線路は緩《ゆる》やかなカーブを描き、第一京浜国道を越え、旧東海道と鶴見川を越える。この国道と旧東海道の間に国道駅が設置されている。

緩やかなカーブに車体をやや傾けながらホームに入る姿がなんとも優美なのだが、その列車を受け入れるホームが優しい。複線の線路を中央に据え、その両端にプラットホーム。それらのプラットホームを大きな鉄骨アーチで繫ぎ、プラットホーム上に雨除け庇《ひさし》をのせている。駅構内への期待を膨らませる、そんなデザインだ。

アーチが優美な国道駅ホーム。ほのぼのとした昭和モダンが心を和ませる

人気《ひとけ》のない改札口を出ると、橋脚が目にはいる。そこには人の胸高より高い位置まで、表面の気泡が弾けたようなボコボコした煉瓦《れんが》タイルが貼られている。表面に引っ搔《か》き傷を付けたスクラッチではないが、スクラッチ同様、煉瓦からタイルが登場する以前に利用された建材である。

国道駅の駅舎内はアーチによるアーケード

　スクラッチタイルのことを書いておこう。わが国で初めて使ったのが、F・L・ライトである。これには、表面に一つ一つ掻いたような跡がある。ライトが旧帝国ホテル建設（関東大震災が起こった一九二三年九月一日オープン。震災にもほとんど被害が発生しなかったことで高い評価を得た）の際に使用し、その後爆発的なヒットを飛ばし、われもわれもと使用したのが、大正末から昭和初期。震災復興建築となる東大安田講堂をはじめ東大構内の各学部校舎、銀座の近代建築、上野の黒田《くろだ》記念館――など数え切れない（いずれも鋭利なツメをもつ熊手のようなもので傷つけた跡がある）。

　ということで、過渡的なこのタイルを見る

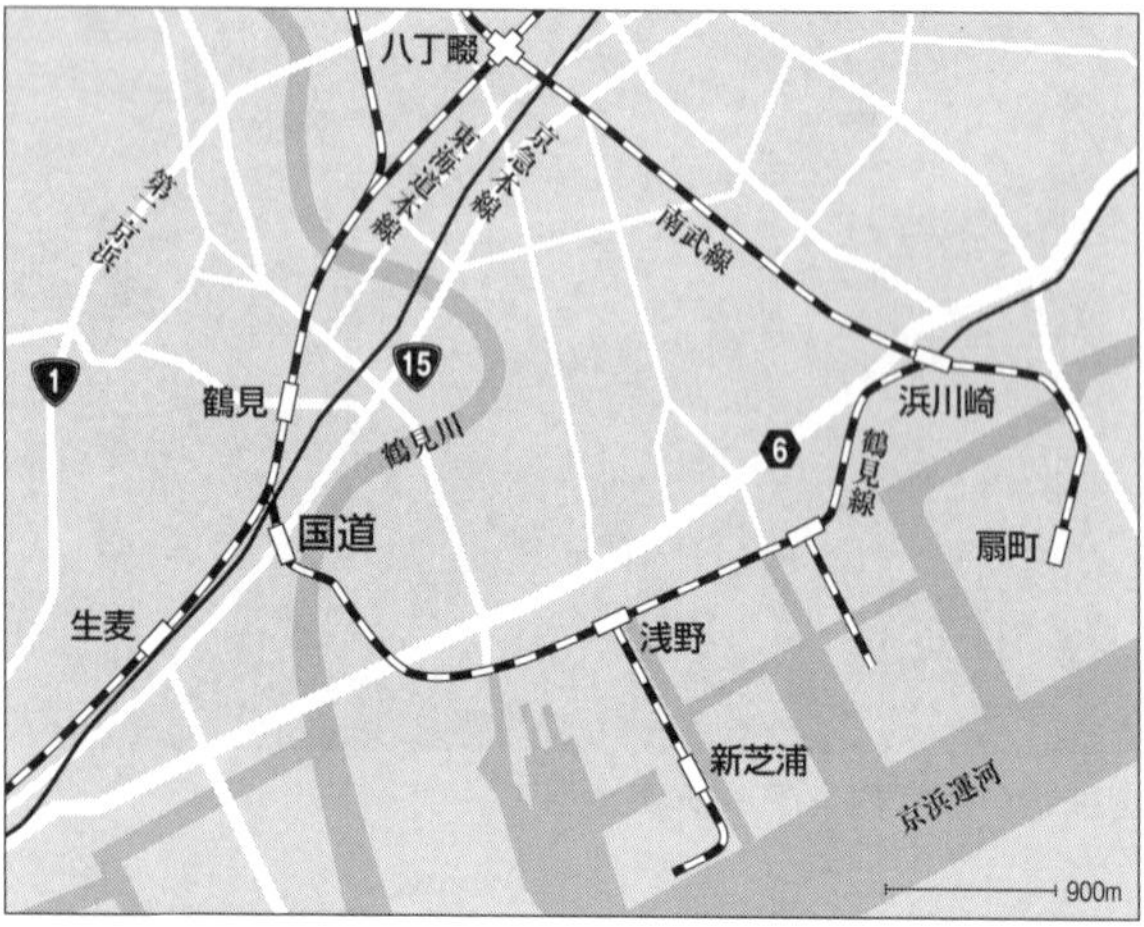

JR鶴見線と国道駅

と、その建設年代がほぼ分かる。実際、国道駅は一九三〇年（昭和五）開業である。

さて、この高架橋下駅は、実際、門型のＲＣ（鉄筋コンクリート）ラーメン（ラーメンとは固定接合すること。ラーメンの反対はピン接合。剛接合しないのでボールペンの芯の球がまわるように自由に回転できる）構造なのだが、橋脚上部の持ち送り（梁などを支えるため、柱の上部などに取り付ける横材）部を曲線にし、左右の橋脚をカーブを描くアーチに見せている。よく考えたもので、この昭和初期のデザイン・センスに敬服する。設計者は直線や直角に美しさを見出すモダン建築より、アーチがおりなす近代建築に心を寄せていたのだろう。

この高架下をガード下の通路とし、軌道の両側、つまりプラットホームの下には、近代建築を彷彿《ほうふつ》とさせるRC造りの店舗併用住宅を設けている。

残された看板や張り紙がかつて賑わった高架下アーケード街を淋しく物語る

この駅構内は仕舞屋《しもたや》状態。歯抜けとなってしまったガード下アーケードがなんとも郷愁を誘う。現在営業しているのは、釣り船屋と居酒屋のみのようだ。だが、鶴見川側には縦長で字を詰めたスタイリッシュな「KEY STATION」の文字が剝《は》がれた跡が生々しく読み取れるカギ屋。第一京浜への出口側には木製の欄間看板を掲げた不動産屋など、店舗の形跡がなんとも痛々しさを増長させる。

この国道駅周辺でかつての姿を訪ねて歩くと、「花月園《かげつえん》競輪があった頃（二〇一〇年廃止）はもう少し活気があった」という商店主もいた。とはいえ、「昔から薄暗い仕舞屋でしたよ」という声が多かった。そんななかで、駅を出たすぐ隣り、旧東海道前でてんぷら店を営むご主人（江戸期から代々同じ場所に住んでいるとのこと）は、「肉屋も雑貨屋も、洋品店もあり、日が暮れると小料理屋も店を開けましてね、そりゃあ、活気のあったアーケードでしたよ。それが跡継ぎが途絶《とだ》え、ご覧のような状態になってしまいました」と、かつての国道駅構内の隆盛を振り返って語ってくれた。四〇年以上前の話であった。これでは、町の人々にかつての姿を聞いてまわってもほとんど分からないはずである。

活気のあった国道駅アーケードについては、地元の神奈川新聞も終戦直後から一九七一年まで駅員をされていた元ＪＲ職員にインタビューし、唯一電話が引かれていた洋品店の想い出などを紹介している。というのは、一九六〇年代半ばまでは、電話を引いている家が仲介役となって近所まで出向き、電話が掛かってきた旨を知らせ、呼び出していたからだ。これを「呼び出し」といっていた。人と人とのつながりが感じられた昭和という時代を生き生きと語っている。

義務教育が終わっても、無理をしてでも子どもには高等教育を受けさせ、「勤め人」にさせるのが当時の親の夢でもあり、子どもの夢でもあった。その結果、商人も、職人も跡継ぎがいなくなってしまった。これは国道駅ガード下の店に限ったことではなく、一九六〇年代のわが国に普通に見られた姿でもあったのである。

　跡継ぎがなくなると、次に店舗を貸すか（基本的に、賃貸権を売買することは禁止されていることが多い。このため、又貸しなど他の形態となるケースもある）、仕舞屋となって、住居として住むことになる。高架下の一等地、雨にも濡れずにすむ最高の条件である。手を入れれば、昭和のレトロ・ブームに乗れる魅力的な空間になる、という意見も多い。

窓部のアーチが素敵。これも昭和モダンだ

　現在の国道駅構内は静寂そのもの。人影もほとんどない。人影を見かけることが稀《まれ》、というよりも駅員自体がいないのだ。

　現在、鶴見線をＪＲ鶴見駅から、終点まで乗ってみると、気が付くことがある。明らかに他人が乗ってこない。鶴見駅から一駅目の国道駅と次の鶴見小野《つるみおの》駅周辺は民家が連なるが、それ以降、どの駅も工場内を通過する専用列車、という状況だ。各工場に勤務する者、取引関係者として工場に出向く者以外に、乗車している客をほとんど見かけることができない。

となると、乗降客は特定の工場関係者のみ。その工場労働者も、列車内から見ていると、ほとんど工場内に人影を見つけることができない。工場自体も生産性向上を推し進め、巨大な敷地の中で、人の手が掛からないようになっている。

利用客が大企業の工場関係者として特定され、企業は一括して定期券を買い求める。となれば、基本的に運賃の取りっぱぐれはない。

施工当初からガード下貸し出しを計画

国道駅構内のアーチ・アーケード街のほかには、この駅舎の前後、東海道線を渡って国道駅に至るガード下と、国道駅から旧東海道を渡って鶴見川岸まで続くガード下住宅群がなんとも圧巻だ。このガード下空間の利用はどのような経緯で誕生し、今日に至ったのか。「鶴見臨港鉄道」を訪ねてみることにしよう。鶴見臨港鉄道というのは、国に買収される前の企業である。

一般的に、吸収・合併や、企業をたたむ際、前会社が細々とではあるが業務を引き継ぎ、残務整理などを行なうが、ある一定程度の期間を経れば消滅する。ところが、国策の戦時買収は鉄道のみであった。バスや不動産部門は買収されず現在も残り、企業活動を行なっている。戦時下にどういう話し合いで国有化されたか、つまり「平時になれば、もとの民間鉄道会社に戻す」という取り交わしがあったかどうかを含め、すべて闇の中だが、そんな機密事項は別として、敷設当時のことを伺ってみよう。もちろん、当時のことを実体験として知っている方はもはや企業内にはいないはずだ。ただ、先輩から伝え聞いた、ということのほか、文字や写真に残る資料があればそれなりに推測が付く。

現在、不動産管理をしているという鶴見臨港鉄道を訪ねると、「昔のことを知っている者はいないんです」とのこと。もちろん、これは想定の範囲内。そこで、資料の有無《うむ》を伺うと「残っているのは、この資料のみ」と一冊の分厚いファイルを出してく

鶴見臨港線建設当時、募集されたガード下物件の広告（提供：『鶴見線物語』230クラブ）

れた。

　そのファイルには、高架橋工事の敷設写真、開業当時の写真、全線のパンフレット――など。当時は、海水浴客も集めようとしていたようである。

　残念ながら、鉄道敷設当初から資金の足しにしようと、ガード下を不動産物件として貸し出すという企画の話は聞けなかったが、これについては、『鶴見線物語』（サトウ マコト著）に高架下貸室区域という絵図を掲載した「高架線下貸室御案内」という資料が掲載され、開業当初からガード下を不動産物件として貸し出していたことが紹介されている。

ファサードに凝《こ》った家々と、こだわりの切妻住宅(中央の住宅)

ガード下住宅群

国道駅付近のガード下住宅群は、バラエティに富んでいる。

鶴見川側の住宅群は、いずれもトタンの家だが、ベンガラ色、スカイブルー、あおみどりなどカラフル。それぞれファミリー・カラーがある。個性豊かだ。

玄関はいずれも引き戸。これはスペースを有効に使う日本人の知恵である。ドアでは回転分のスペースが必要となり、デッド・スペースになってしまうからだ。

ポストが家の前にあるのは当然で、電気メーターなど各種計器が家の前面に設置されているのも、検針者にとってはありがたい。そのほか、家

切妻住宅の残滓

の前面にあってもウラにあってもいいもの、たとえば、テレビアンテナや冷暖房の室外機などは各家庭の判断で、家の前に置いたり、外部から見えないウラに置いたりしている。

　これは、家のオモテとウラがハッキリしているためだ。ガード下は、両側面ともに側道が整備されず、住宅が隣接している場合（このケースでは出入りができないので、ガード下空間は利用できない）と、片方のみ側道が設けられているケース、さらには両側とも側道が整備されているケースがあるが、このエリアは片方のみ道路が通っているケース。オモテはハッキリしている。ガード下というより、上に電車が通っているだけという印象となる。

　さて、このエリア、窓上には庇を付け、出窓《でまど》を設けるなど、ファサードにリズム感を付けている家もある。なかでも印象深いのは切妻《きりづま》の住宅。現在、ガード下に建築物を設けるには、桁下八〇センチ以上空間を設けるように、という行政指導がある。ということで、これは新しい家なのだろう。容積率は減ってしまうが、傾斜のない陸屋根とは一風変わった三角屋根へのこだわりが嬉しい。

植栽のある、ほのぼのとしたガード下

国道駅から東海道線までの間も住宅群だ。途中、町を分断しないよう、ガード下を横断できるように横断道路も整備されている。

こちらは、川側と違って、ガード下の両側が道路である。なので、どちらの側もオモテにすればこのうえなく便利と考えられるのだが、人間どうも、どちらの側もパブリックなオモテとすると、何とも落ち着かないもののようだ。高架橋は南北を走っているので、建物の側面は東西に向いている。このどちらをオモテの玄関とし、どちらをウラの玄関とするか。これについての法則性はなさそうである。ある家は西側の道路面をオモテの玄関とし、ある家ではあまり人の通行がない東側をオモテの玄関にし

ている。軒数としては朝日の入る東側をオモテにしている家が多いようだ。東側は人通りが少ないため、玄関前に植木鉢を置いたり、地植えしたりして植物を育てている家もある。

いずれにせよコンクリート造りの住宅群が一つ屋根の下の緑豊かな集合住宅となっている。現在、小田急線などで複々線化に伴う高架線化を進めており、計画的に同一の植物を同一の間隔で植栽しているが、ここ、鶴見線の方は人とコンクリート、植物の自然な関わりが色濃く感じられる。

家と家の間の橋脚は、まるで建物の一角、ピラスター（付け柱）のようなデザインされた柱に見える。安易に色遣いでメリハリを出そうとするデザイナーズマンションとは、比較にならないほど素敵である。

生き続けるブリキの町

国道駅周辺を遊歩していると、ガード下のみならずブリキの家が目立つ。ブリキの町も探索してみよう。

植栽で彩られたガード下住宅群

ところで、いま、ブリキといったが、「違う！」との指摘を受けるかも知れない。その前に言っておくと、ブリキのように見えるのは、実は波板トタンだ。ブリキもトタンも鉄板には違いないので、通常、業者もブリキ、といってしまうが、違いにこだわれば、ブリキは鉄板に錫《すず》をメッキしたもの。一方、トタンは、亜鉛をメッキしたもの。だからトタンを舐《な》めてはいけない。子どもがしゃぶってしまうことも考えられるので、ブリキの玩具《おもちゃ》というのはあっても、トタンの玩具というのはあり得ない。

ブリキとトタンの違いは、新しい場合に、結晶のような模様に輝く光沢があればブリキ、やや鈍く放つのがトタンなのだが、それも古く朽《く》ちてしまうと判断が付かない。あとは使用個所から判断するしかない、というのが偽《いつわ》らざる本音である。

この波板トタン、なぜ使用されているのか。もともと、国道駅前は埋め立てが進んでも海のはず。国道から先の工業地帯には工場内に輸送用の船が着けるようにもなっている。海といえば塩。海風、つまり潮風全開だ。なのにトタンの屋根にトタンの外壁。中にはトタンでできた神社まで。社《やしろ》はコンクリート製で社務所のみトタン張り、というものから、木造の社全体がトタン葺《ぶ》きというものまでみうけられる。

トタン葺きに住む方々にその理由を尋ねると、みな「うちは古いからね～」と古さを強調する。よその家も「古いからね～」との答えしか返ってこない。

海沿いならば、風が強いことも考えられる。風が強い地域では屋根を軽くするためトタン葺きを採用するケースがある。「このあたりは風が強いんじゃありませんか？」。そんな質問をぶつけると、「そうですね、たしかに冬には風が強い日もありますよ」という程度。それなら、どの地域も同じだ。ということで、強風に耐えるため、トタン葺きにしている、ということはいえないようであった。

この地域ではトタン葺きが一般で、木造モルタルの家を見つけるのはきわめて稀。というのは、モルタルを吹き付ける際には、下地にラスという金網を敷いて付着させる。その金網が潮風で錆《さ》び朽ちるということが考えられる。

国道駅周辺では神社の社までブリキ製

そうなるとモルタルを全面剝がしてから施工し直さなければならなくなる。このため、モルタルを嫌っているのではないか。こんな推測をもって遊歩していると、「鶴見建設業組合」という看板を掲げている波板トタンの建設業者があった。敷地内にも波板トタンが幾枚も立て掛けてある。

この事務所で、これまでの疑問と推測をプロの施工者に投げかけてみた。すると「プロもアマも一緒。理由なんてないですよ」との返事。木造モルタルの家を見かけないのも理由はなく、深読みしても意味がないという。

世間話を含め、話を進めていると、やっと思い当たることがあったのか「ここは、準防火地域でね」と口火を切ってくれた。「準防火地域というのは防火のためにモルタルを吹き付けるかトタンにするかのどちらかなんですよ」。

とすると、どちらでもいいはず。「そう、どちらでもいいんですが、この地域では、安く上がるトタンを選んだということです」と話してくれた。はたして、絶対的な結論といえるかどうかは分からないが、一つの大きな理由であることは間違いなさそうである。

トタン屋根を外装材に使うのは昭和の前期に広がった。現在ではほとんど見られない。漁業権を失い、駅員も失った国道だが、昭和初期の面影を残す近代建築としての国道駅舎とともに貴重な町並みがこの町には残されている。

ドイツの香り漂う、有楽町のガード下

——ＪＲ山手線などの新橋駅～有楽町駅

本格的な初の都市高架橋

道路が交差するガード下はノードとなる。ノードとは中継点とか分岐点という意味で、辻といってもいい。人が立ち止まり、屋台が出、シートを敷いた露店が出現したり、フリーマーケットが催《もよお》されたりするのがこのノードだ。ＪＲ新橋駅の北、外堀通りを渡る二葉橋《ふたばばし》ガード下は日が暮れるとともに焼き鳥の煙と匂いが誘うアフター５の解放区となり、会社帰りのサラリーマンで、毎晩大いに盛り上がる。店の前まで席が広がるガード下解放区だ。

在来線と新幹線の間を通路としたガード下の店舗も飲み屋街。高価な洋酒を出す店から、気軽にＪＡＺＺを聴きながら酒を傾けられる店まで、どこもこぢんまりとした

ドイツ人技術師の指導によってできた高架橋

スペースながら、至福のひとときを過ごせる店が続く。

　ガード下、あるいはガード下の飲食街といえば、JR新橋―東京―上野間。なかでも新橋から有楽町のガード下は、わが国最古のもので、なんと一九一〇年（明治四十三）に造られている。このガード下を遊歩してみよう。煉瓦造りが残っている。

　ところで、新橋―有楽町間の鉄道敷設を設計したのは、ドイツ人のバルツァーという技師。えっ、ドイツ人？　と思われる読者も多いかも知れない。

　わが国で初めて新橋―横浜間に鉄道を敷設したのは鉄道発祥国のイギリス人技師。車両

もイギリスから輸入された。日本の本州はイギリス、北海道はアメリカ人技師、九州はドイツ人技師――と棲《す》み分けがされていたようだが、この流れからしてもイギリス人技師に依頼するのが自然。ところが、なぜかこの区間は、お雇い外国人のドイツ人に依頼している。なぜ、ドイツ人に依頼したのかは不明だが、日本の中心部においてはドイツの鉄道技術が導入されていた。

ベルリンのガード下

新橋―有楽町間は明治に建設した

意匠・デザインなど、ベルリン高架鉄道の設計思想を受け継いでいる

在来線の路線の東側に東海道新幹線が拡幅する形で並び、その横、数メートルの幅をとって東京高速道路（首都高速とは異なる事業会社による一般自動車道）が並行して走っている。このため、路線の西側からのみの鑑賞となる。

この間の路線は煉瓦積み。大きな弧《こ》を描いた、煉瓦アーチだ。御茶ノ水―神田間も一部純粋な煉瓦造りなのだが、アーチの大きさはそのほぼ倍。実に大きい。現在の橋脚のスパンはだいたい五～六メートルほどだが、これよりはるかに大きい。この大きさが新橋から東京に向かう高架橋の特徴といっていいだろう。ガード下空間も大きく使える。

さて、アーチ煉瓦だが、上部から流れ落ちるシミや長年の風雪に耐えた汚濁に包まれ、黒ずみのなかに明治の赤煉瓦が垣間《かいま》見える……。と見えるかも知れないが、この黒ずみ、汚れではなく、鼻黒《はなぐろ》とか横黒《よこぐろ》という、表面を黒く焼成した煉瓦である。

鼻とは煉瓦の小口のこと、横とは長手《ながて》のこと。窯《かま》を酸欠状態にして通常より高い温度で焼き締めた煉瓦で、含水率が低く、耐水性に優れ、強度も高い。ただし、いったん、水分を含むと出て行かないので、逆にもろくなる、という欠点も兼ね備えている。この鼻黒・横黒は明治のなかば以降に使われたもの。それらは、時代がくだるとともに消え、赤煉瓦にとって代わられている。ところが、この高架橋

ガード下の横断道はどこも解放区

が施工されたのは明治の末。ということで、この鼻黒・横黒はデザインとして施されていることが推測できる。

大きなアーチリングの白い部分は、地盤沈下対策として造られた鉄筋コンクリート製の補強だ。これは後世のもので、明治期の高架橋はその上の長手の竪積みから。ということで、アーチの大きさは今以上に大きかったことがうかがい知れる。この長手の竪積みを幾重にも巻き立てることで強度を高めている。

連続するアーチの立ち上がり部（迫り元）には、扇状のアーチを造って、ニッチ（壁龕《へきがん》）のように壁面を少し凹《へこ》ませ、凹凸をつけることでリズム感を醸《かも》し出している。そこに三連の小さなアーチを設け、さらに鼻黒・横黒を赤煉瓦と交互にアーチリングに嵌《は》め込み、赤と黒の色味の美しさを演出しているのだ。これはまさに、近代土木の遺産である。

このアーチ空間は飲食系の店舗として利用されている。各店舗とも空間が広いため、チェーン店のような大掛かりな店舗が入っている。

インターナショナル・アーケード

このガード下の西側はいま述べたような、ハイカラな煉瓦街で、飲食店として活用されているが、ガード下の中側には「インターナショナル・アーケード」と名付けられたアーケード街が、古き良き時代の雰囲気を漂わせてつづいている。

インターナショナル・アーケードに立ち入るには、内幸橋《うちさいわいばし》ガードから。有楽町からなら内山下町《うちやましたちょう》高架橋（泰明《たいめい》小学校と帝国ホテルを繋ぐ道路）から、ということになる。

このインターナショナル・アーケードが誕生したのは、一九六四年（昭和三十九）。東京オリンピックが開催された年だ。アジアで初めて開催されるオリンピックに合わせ、海外からたくさんの外国人客がやってくる、との判断から、一九六二年（昭和三十七）から二年かけて建設された。

内幸橋ガードから入ると、なかはもぬけの殻？　締まったドア、剥がれかけたポスター……。まるで廃墟のようだ。そんななかで、今でも数軒が営業している。そのなかの一軒「花水月《はなみづき》」の方は、「かつては、ノータックスで外国人客がいっぱい来たん

インターナショナル・アーケード／左側の通路が飲食店と事務所、右側は物販の店舗

だけどねー」と隆盛期を懐かしむ。各種の日本酒を取り揃えているが、飲食系として営業しているのは、韓国料理店やバーなど。無国籍な真空地帯が続いている。

インターナショナル・アーケードというと、内山下町高架橋から北の部分のほうが知られているかも知れない。むしろ、インターナショナル・アーケードといえば、こちらのイメージだ。日本人好みともいえない、派手な色遣いと、素材は一体何なのかと問いたくなる吊《つる》しの和服が並ぶ。こうしたものを、外国から来た客は「日本」として買い求めて行く。とはいえ、店のおばちゃんたちは、流暢《りゅうちょう》な英語で外国人客を捌《さば》く。まさに、異国のインターナショナル・エリアだ。

シャッター街となったインターナショナル・アーケード

と、こうしたところが、有楽町のガード下、インターナショナル・アーケードの印象だが、実は、内山下町高架橋の南側、真空地帯となったガード下に隣接し、もう一本の通りがある。このガード下は、それまでのインターナショナル・アーケードと別世界。ドアを開けると、空気が違う。気品のある宝石、気品のあるご婦人が経営する店舗、気品のあるご主人。このなかで、真珠を扱う「くき真珠」はガード下の整備と同時に出店した店で、真珠のミキモトと血縁のある方だ。もちろん、中には、まがい物の日本刀を売っていたり、フジヤマ・ゲイシャの絵付きカードを販売したり、という店もあるが、ここで、真珠店を開いて四〇年以上。そのことを伺うと、「隣りに帝国ホテルがございまして」と打ち明けてくれた。オリンピックだけでなく、帝国ホテルに宿泊している国外からの旅行者がお客さんということだが、各国大使館の方々もよくみえるとい

東京オリンピック誘致とともにインターナショナル・アーケードに入居した「くき真珠」

う。このガード下には、昭和、というより「よき日本」そのものが孤島のように残されている。歴史を感じる建築物を見ると、気持ちが清々《すがすが》しくなることがある。ここは、ケバケバしい現代の風景に疲れた心を洗濯してくれる、ガード下である。

「くき真珠」によると、インターナショナル・アーケードは当初から物販を扱うルートと、もう一本、これと並行して走る飲食店・事務所・駐車場が入居するガード下とエリア分けされていた、とのことである。現在、物販系は、縮小、使用する距離が短くなり、飲食店系は人があまり立ち入らないガード下に変わってしまっている。

ビルの上に車が走る

インターナショナル・アーケードの隣りには、自動車専用道路が併走する。

自動車専用道路は、あくまで道路として使用するものであり、そのため、道路下空間の利用は広場や駐車場などのほか使用できなかった（現在は改正され、さまざまな用途に使用するよう推進されている）ので、道路下空間を店舗や住宅として活用している姿を見ることは基本的になかったのだが、新橋—有楽町—東京間の東京高速道路は、しっかりとした店舗として活用されている。きわめて珍しいケースだ。

この高速道路の区間は、かつて外堀川が流れていたところ。戦後の外堀川は、戦災で生じた廃棄物の捨て場と化し、他の川と同じようにメタンガスがボコボコと湧き出すどぶ川となっていた。どぶ川と化してはいるが、ここは日本の一等地である。これを埋め立て、高層ビルを建てたら大儲けできる。そんな機転の利《き》く輩《やから》はいつの時代も出現するもの。とはいえ、簡単に許可が出るものではない。埋め立てには都議会の承認が必要となるが、その承認が得られない。そこで現われたのが、外堀川に蓋《ふた》をし、その上に倉庫を建て、さらにその上に道路を通す、という自動車道路の計画だっ

「インターナショナル・アーケード」の場所

JRと東京高速道路とのわずかな空間

た。これには公共性がある。議会の承認も不要。都知事の権限のみで認可できる案件となり、その公共性からただちに認可が下された。

ところが、工事に着手し、工事が進むと、なんと暗渠《あんきょ》にしただけで、その上に構造物を造るのは技術的に無理であることが初めて明らかとなった。急遽《きゅうきょ》、その旨を都知事に提出。蓋をするだけの暗渠から埋め立てへの変更届けが認められることとなった。これによってラジオドラマ『君の名は』で一躍有名になった氏家真知子《うじいえまちこ》と後宮春樹《あとみやはるき》が再会を約束した数寄屋橋《すきやばし》は、永遠に消滅してしまったのだった。

ちなみに、許可が下りてしまえばどうにでもなるということでいえば、戦前、地下鉄の銀座線の路線許可を提出する際、土地を掘り下げる深さを一桁違えて申請してしまったという話もあった。「一桁間違ってしまった」と押し切り、土被《かぶ》りのきわめて浅い位置に地下鉄を通してしまった。

さて、高速道路下のビルは地下一階、地上二階。新橋から八重洲《やえす》六丁目までの一三六〇メートルの間に六〇〇〇坪のビルが出現した。鉄道高架橋のことを境界領域とかアジール（混沌とした不可侵領域ということか）などという者もいるが、この道路はまさに万里の長城のようにこの地域を東西に分けている。歴史的な経緯を踏まえ、道路下に構造物があり、それを活用しているのではなく、あくまでビルを建てたその上に道路が走っている区間である。

この道路が首都高速道路に直結しているので、一般的には「首都高」と間違われるが、ここは、東京高速道路である。道路法に基づく自動車専用道路（旧でいえば建設省が所管）ではなく、旧運輸省が所轄する一般自動車道で、かつ、川を埋め立てたため、土地の行政上の所属（千代田区・中央区）が明らかになっておらず、「〇〇番地先」というように、「地先」となっている。ただし、これでは郵便などを配達してもらう際に不便なので、個々が便宜上通称でつけているという特異なエリアになっている。

さて、この道路下、当初、晴海《はるみ》通りを渡った南側の数寄屋橋ショッピングセンターには「神田のれん街」、晴海通りの北側の西銀座デパートには「銀座百店会」の老舗《しにせ》の店々が入ったのだが、それまでのガード下の簡易な飲食街から、ファッションなど買い物の機能を盛り込むなど、新たな繁華街を誕生させたのだった。

現在、インターナショナル・アーケードと併走するコリドー通りに接する東京高速道下には、お洒落《しゃれ》な飲食店が並んでいる。

二〇〇五年（平成十七）、町づくりの観点等を踏まえ、高架道の路面下活用が可能となるよう「高架道路下占用許可基準」が改正されたため、今後は、高速道路下にもさまざまな施設が誕生する方向に向かっている。

有楽町高架下センター

ＪＲ有楽町駅の北側を走る道路を渡ると、ガード下に「有楽町高架下センター商店会」という商店街の名前とともに、各店の名前が書き込まれたボードが頭上に掲げられている。あたりは殺風景で、奥は暗く、ちょっと、うらぶれた感じだ。

このなかにある「ミルクワンタン」は、有楽町駅前にあった寿司屋横丁から移転した店。東京オリンピックは、有楽町の駅前でテレビ観戦したそうなので、現在のガード下に移転して四十数年になる。

このミルクワンタン、商店会の看板にもこの名で出ているのだが、実は、「鳥藤《とりふじ》」という店。メニューの名前が有名になり、通称ミルクワンタンで通ってしまっている。

ここは、かつて作家・開高健《かいこうたけし》が通ったことでも知られている。席に座ると、飲みたい酒を注文。たとえば、「ビール」。あとのつまみは、ご主人が見繕《みつくろ》って出してくれる。飲んで食べた末に、最後にミルクワンタンが出されると、「もう、帰んな」という合図。粘らず、すんなり帰ろう。

この有楽町高架下センターの面白いところは、ガード下の中通路の中から、枝に分かれる（表通りに出る横断道）小路「丸三横丁《まるさんよこちょう》」なる横丁が増殖しているところだ。

店は、みな間口一間ほど。焼き鳥を焼くオヤジを目の前にして、ガード下気分満点だ。

昭和が息づく「谷ラーメン」

ガード下を横切る小路「丸三横丁」。5軒の飲食店が肩を寄せ合うように連なる。

この丸三横丁はみな、飲み屋なのだが、側道に面した一軒だけは、ラーメン店。昔ながらの暖簾《のれん》をくぐり、ガラスの引き戸を引くと、左手厨房から、オヤジが「券はこちらに置いて、席はどこでも」と声をかけてくれる。映画俳優のようなちょっといい中年男性だ。

この「谷ラーメン」はガード下での創業三〇年。現在のご主人は二代目。コシのある中太麺、サッパリ味のラーメンだ。昭和三十年代の店内で、現代の美味しいラーメンを食べさせてくれている。

辰野金吾の万世橋《まんせいばし》駅とガード下

華麗なネオ・ルネサンス風の昌平橋ガード下

ＪＲ中央線御茶ノ水駅から神田駅までは、①昌平橋《しょうへいばし》仮駅まで、②万世橋《まんせいばし》駅まで、③神田駅まで――と、工期を三段階に分け施工している。わずか一・三キロ、二〇分あれば歩けるような距離だが、ガード下の種類もいろいろ。さらに、町の盛衰も含め、魅力あるエリアだ。まず、昌平橋まで遊歩してみよう。

現・ＪＲ中央線御茶ノ水駅から昌平橋まで路線が延伸されたのは、一九〇八年（明治四十一）。神田山といわれた神田駿河《するが》台の台地を神田川沿いに切土《きりど》で下り、昌平橋の手前から煉瓦アーチの高架橋を構築している。これが美しい。

アーチの大きさは現在の橋脚スパンと同じ程度で五〜六メートル。連続アーチとそのアーチとアーチの間にはメダリオン（レリーフ調の銘板）が嵌め込まれた痕跡を観

桁上部に施された装飾（コーニス：軒蛇腹）とメダリオン（円形のレリーフ）の痕跡が華麗

ることができる。さらに、高架橋上部には、コーニス（軒蛇腹《のきじゃばら》）が施され、彫刻や装飾を纏《まと》った近代土木が残っている。同じ純粋な煉瓦造りでも、大きな弧を描く新橋―有楽町―東京間の高架にはコーニスまでは施されていないので、そういった意味では、こちらのほうが繊細で華麗、という印象を受ける。

昌平橋架道橋の御茶ノ水駅寄りが昌平橋仮駅があったあたり。現在、昌平橋仮駅の跡には飲食店が入居し、隣接する神田川側にテラスを設置したお洒落なパブなどになっている。川は風を呼び込んでくれるため、このテラスは実に爽《さわ》やか

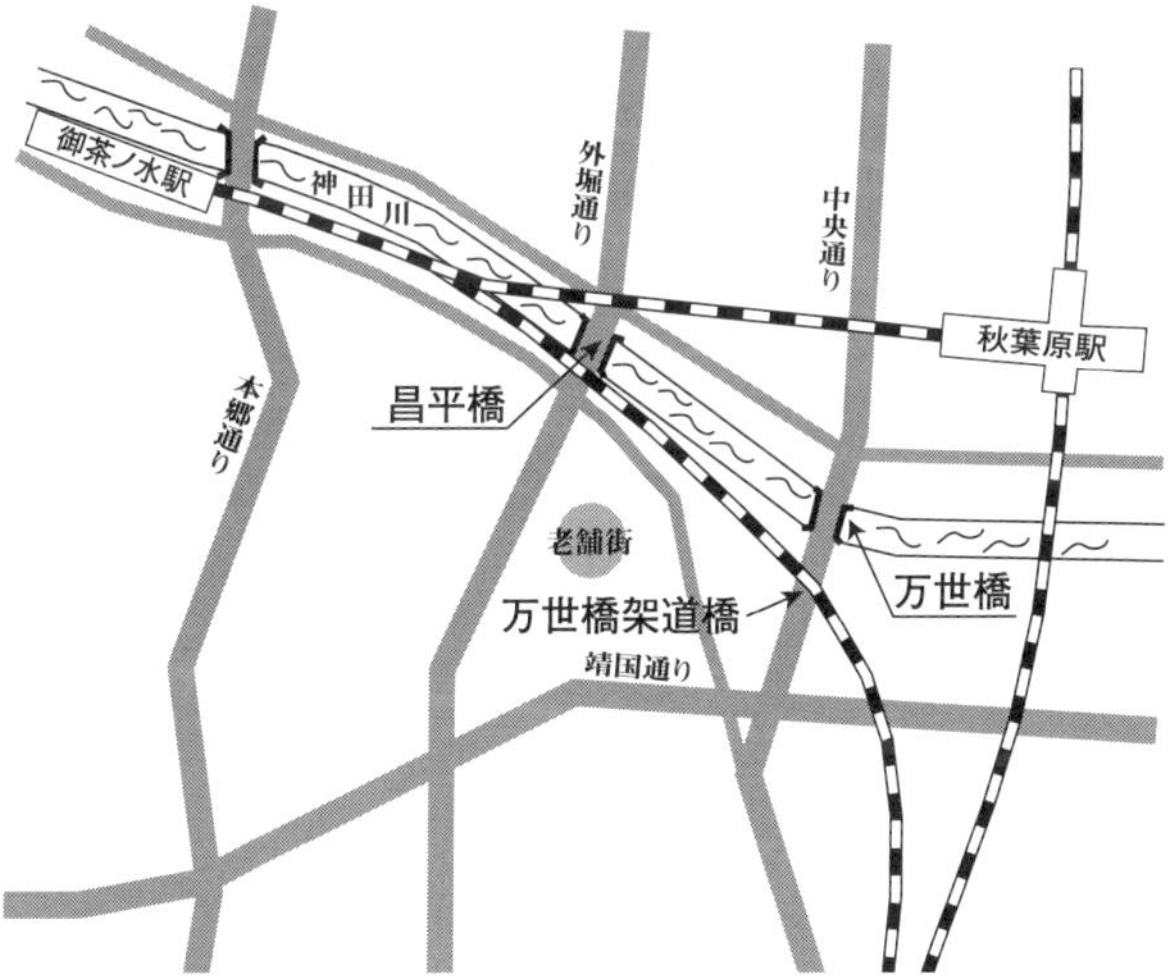

万世橋付近

だ。

　昌平橋仮駅の一角は、パリのセーヌ川を、茗渓《めいけい》と呼ばれた東京・御茶ノ水の神田川に読み替え、異国情緒たっぷりな空間を創出している。震動や騒音を意識することもなく飲食できるのは、幾重にも積み込んだ煉瓦とそのアーチを新たに補強するコンクリートに覆《おお》われた密室状態の空間になっているためだろう。

東京の中心であった万世橋駅

　昌平橋から先、万世橋まで延伸されたのは、昌平橋仮駅が設置された

現在も残る旧万世橋駅の高架橋

四年後の一九一二年（明治四十五）。神田川の右岸、西詰めに万世橋駅が設置された。

　この万世橋駅付近は、東京を代表する繁華街であったところだ。

　旧万世橋駅と駅前広場の敷地は、神田川側を底辺とした三角形。この三角形の頂点に立って駅舎方面を振り返ると、東に中央線の高架と須田町《すだちょう》の交差点。この須田町交差点は、かつては市電の要衝でもあった。現在でも交通量が多い。西を見ると、路地の中に名店が建ち並ぶ。現在の町名は神田淡路町《あわじちょう》。かつて連雀町《れんじゃくちょう》と呼ばれた町である。

　万世橋駅は、こうした交通の要所と繁華街に誕生した。駅舎は二階建ての煉瓦造り。一、二等の待合室はもちろん食堂からバー、そして会議室まで備えた駅舎であった。この設計はわが国を代表する建築家である辰野金吾《たつのきんご》。辰野は、赤い煉瓦と白い石材を巧みに使い、屋根には棟飾り、窓回りにはペディメント（三角形の切妻壁）——と、華やかなデザインで目を引く駅舎を設計し、人々の注目を集めたのだった。

この万世橋駅は隆盛をきわめた。当時はまだ、現在の東京駅が誕生する前。このため、わが国の中央駅としての役割を果たしていた。

ところが、この万世橋駅が完成した二年後、一九一四年（大正三）に中央停車場（現・東京駅）がオープン。このため、ターミナル駅としての役割を終了し、ほんのわずかな期間の繁栄だけで寂《さび》れ、忘れられた駅となってしまった。

とはいえ、一九三〇年（昭和五）には、隣接する神田川の袂《たもと》にわが国初の地下鉄・東京メトロ銀座線の万世橋駅（仮駅）がオープン。一月一日から翌年の十一月二十一日までの二年弱使用されている。神田川の左岸、現在の ishimaru AKIBA（石丸一号店）前の歩道に開口部があり、そこが地下鉄の万世橋駅の入口の遺構だ。これは、神田川をくぐって神田駅まで延伸するまでのいわば仮駅であったが、その後、開設した地下鉄の神田駅には、連雀町方面に向かう靖国通り近くまで、地下街を造りあげている。これがわが国初の地下街となるのだが、昭和に元号が変わった時代に入っても、繁華街といえば万世橋駅方面のことをいっていた。

そして誰もいなくなった万世橋駅

この万世橋駅は、関東大震災で崩壊し、質素な駅舎に移り変わり、戦時中の一九四三年（昭和十八）に廃駅となった。戦後、施設を交通博物館として活用したのち、人を集散させる場としての機能は失われ、その周囲もまた、旧駅前の老舗の数店だけが新しく出現したビルの谷間にポツリポツリと生き残る、淋しい町になってしまった。

ところが現在は、逆にこのオフィスビル街に残る老舗がミスマッチの効果を発揮して不思議な魅力となっている。

あんこう料理の「いせ源」は創業一八三〇年、江戸時代の水野忠邦《みずのただくに》が老中となる四年前の天保元年のことだ。江戸三大蕎麦の一つ、藪《やぶ》蕎麦を引き継ぐ「かんだやぶそば」は一八八〇年（明治十三）、鳥すきやき「ぼたん」の創業は一八九七年（明治三十）。この地域は住民のバケツリレーなどで戦火をしのぎ、今日まで当時の面影を保ち、いまでも「文人が好んで通った店」などとして紹介されている。いずれも老舗ではあるが、ランチタイムがあるなど、「一見さんお断り」ということのない親しみやすい料理屋である。

万世橋付近。鉄とコンクリートで補強している

ちなみに旧万世橋駅跡は、ＪＲ東日本が貴重な資産である神田川沿いの煉瓦造りの高架橋景観を残し、地下二階、地上二〇階建て、高さ一〇〇メートルのオフィスビル「神田万世橋ビル（仮称）」を建設中で、二〇一二年オープンをめざしている。

さて、昌平橋―万世橋間の高架橋は綺麗に補修され、実に華やかだ。美しい赤い煉瓦とともに神田川側のメダリオンも再生され、白い角石がガード下にアクセントを加え、引き締めている。

ここまでの橋台は、純粋な煉瓦アーチ。数年前、橋脚の補強作業を行なったものの、その後残念ながら店舗としては貸し出されず、アーチ部は塞《ふさ》がれた状態だ。

この旧万世橋駅舎の袂のガード下には電子部品を扱う店や肉料理店が入居し、秋葉原電気街の発祥の地ともなる「ラジオガァデン」が健在だ。いまなお営業している。これについては、「理念の旗を振り、ガード下から立ち上げた秋葉原電気街」の項で述べることにする。神田川に架かる万世橋を渡ると、秋葉原電気街である。

線路計画に一大革命をもたらした橋――万世橋架道橋

万世橋から先が開通したのは、大正に入っての一九一九年（大正八）であった。スタート地点は、中央通り。これを跨ぐのは鋼製橋である。橋の袂《たもと》から架道を見上げてみよう。橋桁が緩やかなカーブを描いているのが見えるはず。このラインが美しい。

今では、カーブを描く橋梁はいくらでもあるが、かつては技術的にこれを嫌い、橋梁部に入る前に路線を調整して、橋梁部は直線にした。ということで、当初の設計では、中央通りに橋台を設置し、真っすぐな桁を角度をつけながら設置し、その上に曲

万世橋架道橋／奥に向かって左に大きく曲線を描く鉄橋

線の線路を敷くという、橋梁であったのだが、これが関東大震災の際、旧万世橋駅舎とともに崩壊。そののち、黒田武定《くろだたけさだ》の設計により、なんと曲線の桁が架けられた。この万世橋架道橋は、わが国初の曲線桁で、戦前の鉄道用鋼ＰＧ（ポータル・グリッド）としては最大級のスパンであり、見応《みごた》えがある。

　鋼製の橋は費用がかさむものの、軽くて済むので、地盤が悪いところでも施工できる。とはいえ、音は煩《うるさ》い。列車の通過音が鉄橋に響き渡り、声も聞こえないほどの騒音をつくり出す。ところが、この万世橋架道橋の袂には、物販系の店舗が入っているのだが、そうした耳を劈《つんざ》く爆音は聞こえない。黒田は、騒音防止のため床板にコンク

万世橋架道橋／地盤の不等沈下を考慮し、橋台は特殊な構造をとっている。一見の価値あり。

リートを打設していたのだった。

曲線、それに騒音防止と黒田の工夫をみてくると、なにやら橋台の形も変だ。桁をすっぽり抱え込むのではなく、なにか斜《しゃ》に構えた形。橋梁の施工は両端の橋台が大切。「橋梁は、両端の橋台の施工が済めば九割がた終わったようなものだよ」という土木エンジニアもいる。そのように重要な橋台がいびつな形をしているのだ。ちょっと、デザイン優先で危なっかしいとも感じるが、この橋台、地盤の不等沈下を考慮したものだという。この不等沈下に対応するため特殊な構造をとっている。黒田はアイデアマンとして知られるエンジニアだった。

この万世橋架道橋は、土木学会の近代土木遺産に選定されている。

神田駅に近い中央線ガード下。ほとんど駐車場として利用されている

駐車場に使用されるアーチ群

万世橋架道橋を越えた先、神田駅まではメラン式ＲＣ（鉄筋コンクリート）造りのアーチ高架橋とＲＣラーメン高架橋。竣工は一九一九年（大正八）だ。

メラン式とは、あらかじめメラン材と呼ばれる鋼製アーチを架設したうえで、これをコンクリートで巻き立てていく工法。ということで、ＲＣ造りなのだが、純粋な煉瓦造りの御茶ノ水―万世橋間に合わせ、表面に煉瓦を貼って統一を図っている。

この区間の設計は、阿部美樹志《あべみきし》。日本初の鉄筋コンクリート高架鉄道の設計者で、コンクリート博士と呼ばれた。

セセッション風のガード下橋脚。分離派建築会（1920年結成）が登場する前年の1919年にこんなデザインがあった

この煉瓦張りについては、読者の中にも異論があるかも知れない。煉瓦も鉄筋コンクリートも構造材として使用できるものだ。その一方の鉄筋コンクリートを構造材として使っているにもかかわらず、外装の装飾として煉瓦を使うのには違和感があるという考え方である。

かつてル・コルビュジエは「まがい物のわざとらしいシルエットを鉄筋コンクリートで造るようなまねを絶対してはならない」（『建築十字軍』鹿島出版会）と述べていた。これは鉄筋コンクリートで直線と直角を出し、すっきりと造れということだ。たしかにモダンデザインを追求していくと、前近代的な過剰な装飾を主体とした近代建築は否定されるべきだという結論に達する。

だが、このまがい物が結構素敵である。鉄もセメント自体もギリシャ・ローマ時代からあったものだが、産業革命以降、新たな素材として開発された。その新素材を巧みに用いながら鉄でアーチを造り、セメントで巻き立て、旧来の素材を用いて外見上アーチの煉瓦造りに見せかける、というのも悪くない。

万世橋から神田までのアーチ空間は、どこの駅からもそれなりに距離があることと、空間自体が狭いこともあってか、ガード下空間の利用は、一〜二軒を除いて、皆、駐車場としての利用に留まっているのが残念だ。

ヤミ市から町を興《おこ》したアメヤ横丁
——ＪＲ山手線などの上野駅〜御徒町駅

イエスが再臨した町

ガード下というと、戦後のヤミ市から生まれたというイメージをもつ読者も多いだろう。実際、そのヤミ市を起源にガード下空間の利用がはじまり、ＪＲの上野—御徒《おかち》町《まち》間は大きく町づくりへと発展していった。

戦後の統制経済のなかで、ヤミ市はその摘発と台頭——を繰《く》り返したが、石川淳《いしかわじゅん》はヤミ市閉鎖（八・一禁止令）の前日の上野のガード下を『焼跡のイエス』で描いている。

小説自体は、主人公の「わたし」の目を通して、イエスの再臨に見立てた「ボロとデキモノとウミとおそらくシラミとのかたまり」の少年とのかかわりを描いたものだ

アメ横センター。戦後この地に近藤産業マーケットができたのがアメ横のはじまり

が、そのなかでヤミ市は、「葭簀《よしず》がこひとならべた店の、地べたになにやら雑貨をあきなうもあり、衣料などひろげたのもあるが、おほむね食ひものを売る屋台店（、は筆者）」で、「あやしげなトタン板の上にちと目もとの赤くなった鰯をのせてぢゅうぢゅうと焼く、そのいやな油の、胸のわるくなるにほひがいっそ露骨に食欲をあふり立てるかと見えて、うすよごれのした人間が蠅のやうにたかってゐる」と当時の姿を描いている。小説ではあるが、これが敗戦後一年足らずの一九四六年（昭和二十一）年七月三十一日の上野界隈の姿だったのだろう。翌、八月一日にはヤミ市の全国一斉取り締まりが実施されている。

ヤミ市からアメ横の誕生

さて、戦前から戦時中、上野―御徒町は下町特有の住宅密集地であった。それが、現在のようなアメ横に劇的に変わったのには、大きな理由がある。キーワードは「戦争」である。

上野―御徒町の間の北側にはＪＲの変電所があった（現在、移転）。戦争中のことである。この変電所は米軍の攻撃対象となる。いったん、変電所が攻撃されると、あたりは、超過密な住宅密集地だ。都民をも含め大きな被害を蒙《こうむ》る。このため、付近住民は強制疎開させられた。

ということで、変電所近辺はもぬけの殻、ガラガラの空き地であったのだが、これが大規模な空襲により、上野―御徒町は焼け野原になった。

当時、上野のことをひっくり返してノガミのヤミ市と呼んだそうだが、これが、前述の石川淳が描いたヤミ市だ。

この上野―御徒町間は大きなＳ字カーブを描きながら進む。このため、どちらの駅からも、交番からも見通しが利かないブラックスポットが誕生する。ここでヤミ取引

JR 上野―御徒町間のガード下。横断道は昼から飲酒客で賑わう

などが横行した。ヤミ屋は最初食糧から始まったといわれ、次に登場するのが衣料品。

　これらは、治安の悪化にも通じた。こうしたこともあって、近くで自動車修理工場を営み、中島飛行場の下請け工場も経営していた実業家の近藤広吉《こんどうひろきち》がバラックの簡易マーケットを建設した。一区画一坪半。これを八〇区画つくった。これは区長と警察署と連携して立ちあげたもので、マーケットの店子《たなこ》には悪質なグループを徹底的に排除。これにより合法的に閉め出し、ヤミ市浄化のきっかけをつくった。これが、アメ横の中ほど、通称三角地帯と呼ばれる近藤産業マーケットであった。現在は雑居ビルとなっている（JRの変電所跡地を含め、地下一階、地上五階の雑居ビル）。

この後、引き揚げ者団体がガード下に露店を出そうと企画。警察とJRに掛け合い、ガード下両側の道路使用を許可され、さらに倉庫も借り、露店方式にならって、一区画を一間（一八〇センチ）ずつに区切り、三十数コマに割った。扱う商品は、近藤マーケットのヒットにならい飴菓子を販売した。

二つの顔をもつアメ横

現在、アメ横は四〇〇メートルにも及び、店舗四〇〇軒。JR上野駅しのばず口前、中央通りを渡ったガード下から、御徒町駅近くまで続く（途中から、御徒町駅前までは「上野センター」）。

側道に面したアメ横や、三角州に立地するアメ横センターでは、新鮮なマグロ、鮭などが格安で買い求められる、と定評がある。ここが旧近藤マーケットだ。新年を迎える年末には大にぎわいとなり、商品を売るお兄さんのだみ声は聞こえても、人混みでなかなか辿り着かないのがこのあたりだ。

　ガード下の側道側に店舗を構える店は、量がいっぱい入った菓子や目にも鮮やかな色遣いとデザインの衣料品、バッグなどを販売する店。あたり一面ＰＯＰ広告を示し、袋詰めされた菓子がそこかしこに積まれたり、昇り龍や虎の刺繡がされた派手なジャンパーが頭上高くから吊される。ガード下の猥雑さに負けない原色の商品が並ぶ。

いつも賑やかなアメ横

　いずれも物販系で、どこも派手な色合いと廉価で客の心を引きつけている。客を呼び寄せるお兄さんの声とともに生命力の漲《みなぎ》った空間を生みだす。この魚介類などの生鮮食料品と衣料品などの艶やかさがアメ横である。

　ガード下の中に入ってみよう。中央に通路を設け、その両側に店が並ぶ。

ガード下内部通路に出店する店はどこもシック。こちらもアメ横

こちらは、同じバッグでも、シック。店構えもブラックを基調にするなど、取り扱う商品に合わせ、落ち着いた雰囲気を醸し出す。その空間のなかで革製品や宝飾品が販売されている。輸入ものの化粧品を扱う店も充実している。オモテの顔のアメ横とはかなり違うが、高級宝飾品などを扱うのもアメ横である。

　ちなみに、アメ横の呼び名については「飴」を売る店が多かったので「アメ横」だとか、アメリカ軍の払い下げ（一九五〇年から朝鮮戦争でアメリカ軍が大量に日本に駐留した）を売っていたから「アメ横」だ、など諸説があるが、諸説があるということは、当初に商店街の名前を命名して名前の普及を図ったのではなく、自然発生的に親しみを込めてそれぞれが勝手に呼び、それぞれの名前が淘汰され名前が固まったということである。ちなみに、アメ横と呼ばれるのは、山手線のガード下とガード下の西側。東側は上野駅前商店街である。

ガード下靴磨き・半世紀

御徒町の駅に達すると、北口から駅舎を東側に出たところにグリーンの野点《のだて》傘を立てた靴磨きのオジサンがいる。靴磨き歴五〇年を超える超ベテランだ。

オジサンが靴磨きをはじめたのは、一九四八年（昭和二十三）。富山県から上京するも、職がなく、靴磨きをはじめたという。

最初にはじめたのは、となりの上野駅。今の銀座線の出入り口だった。そこで、一〇年。そののち、こちらの御徒町に移ってきた。当時、御徒町で靴磨きをしていたのは、六名。男女の内訳を聞くと、女性が四名、男性が二名。靴磨きというのは、意味なく男性の仕事のように思いこんでしまうこともありがちだが、かつては女性の比率も高かった。なんとオジサンの奥さんも靴磨きだったそうだ。

当時の靴磨き仲間のことを伺うと、その後キオスクに就職したり、駅ビルに入る大手の百貨店に就職したり。「四〇年前にはまだ若かったし、就職口もあったからね」

御徒町駅のガード下で靴磨きをしているのは、現在ただ一人。1回500円で、靴も気持ちも清々しくなる

とオジサン。現在、御徒町で靴磨きをしているのはオジサンただ一人となってしまった。靴磨きは夏の七・八・九――の三カ月が喰っていけない。客がない。「サンダルになっちゃうからね」。

オジサンの営業日は雨天、土・日曜を除いた毎日。お客さんは、常連が九割。

ＧＨＱ（連合国軍総司令部）の露天商撤廃令が出されたときにはどうされていたのか尋ねると、「私たちは道路占用許可を取ってるから対象外なんですよ」と教えてくれた。路上で靴磨きを商売とするには所轄の警察署による「道路使用許可」と都道府県による「道路占用許可」を得なければならない。「今、占用許可までとって靴磨きをしようなんて者はいないでしょ。私らが最後になるだろうね」と現状を話してくれた。

ガード下を背に座り、靴を磨いて五三年。八二歳。「ガード下から見た町は変わったね」とオジサン。「どう変わったかって？　そんな難しいこと分かんないよ。でも目の前も周りもみんな変わっちゃったな」。

好きな酒は、職場周辺ではなく、家に帰って傾ける。葛飾《かつしか》には戸建ての家と、娘夫婦。靴磨きのオジサンからどこにでもいるおじいちゃんに戻る。

理念の旗を振り、ガード下から立ち上げた秋葉原電気街

——JR総武線秋葉原駅下

露天商の町

秋葉原には、戦前から電気製品の大問屋があった。とはいえ、所帯の大きな問屋のため、数軒に留まっていた。それが、電気街の町として日本中、さらに海外にまで知れ渡ったのには、戦後のヤミ市とガード下店舗が、大きく貢献したのだった。

ラジオは戦前から普及発達していた。「警戒警報」や「空襲警報」など、情報を得るため、生きぬくための生活必需品でもあった。だが、音質は悪く、実のところ大切な玉音放送（昭和二十年、昭和天皇による終戦の詔勅を放送）ですら、よく聞き取れなかった、というのが本当のところであったろう。

それが戦後、放送内容も変わり、聴いて楽しむ娯楽的な内容が増え、音も格段によ

くなった。これに、戦前から使用してきたラジオの耐用年数が過ぎ、新たに買い換えなければならない状況も加わって、これがラジオブームに火をつけた。戦後、電子部品を組み立てて販売する「組み立てラジオ」が爆発的にヒットしたのだった。

どこの地域でも最初に現われたのは、日々食べていかなければならない食糧を扱うヤミ屋といわれるが、その次に現われるのが着るものを扱う問屋だ。その後、神田に電子部品を扱うヤミ屋が現われた。

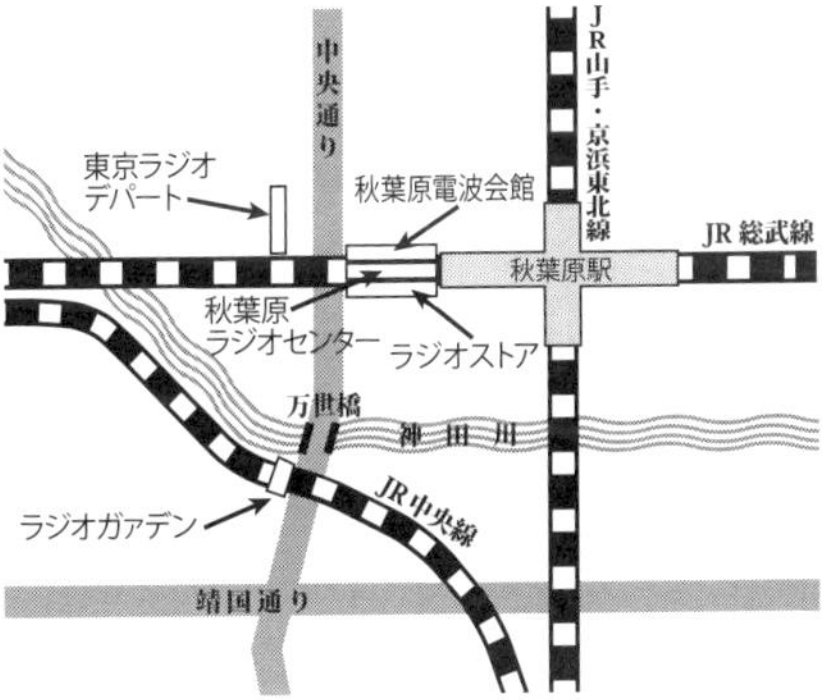

戦後誕生した秋葉原電気街

ニワトリが先かタマゴが先か何ともいえないが、神田錦町《にしきちょう》に電気を扱う専門学校があった（現・東京電機大学）。ラジオというのはそれほど複雑難解な電気製品ではない。このため、ヤミ市から部品を集めれば、学生の知識で十分組み立てることができた。これが大きなブームとなり、学生をはじめ多少電気の知識のある者が須田町方面

秋葉原電波会館／階上にはメイド喫茶などが入っている

の露店に出向き、組立や修理のための仕入れをした。これを聞きつけ、新たに露天商が建ち並び、最盛期には百数十軒にものぼった。

このヤミ市には国も都もＧＨＱも手を焼いた。こうしたなかで、ＧＨＱは道路拡幅を理由に一九四九年（昭和二十四）、「露天商撤廃令」を画策する。これに対して、大道易者をしていた山本《やまもと》長蔵（日本中の易者を束《たば》ねていた）が露天商を束ね組合をつくり、国、都、国鉄に対峙した。上野のアメ横と同様、他業者というのが面白い。

協同主義で町おこし

山本が理念としたのは協同主義。協同主義とは「協同組合組織の育成による近代化、合理化で生活の向上

秋葉原ラジオセンター開設当時から出店している三栄電波の井上さん。
出版社の倉庫だったガード下を整備して秋葉原ラジオセンターが造られたが２年ほどで焼失。コンクリート造りで再建された際、権利を買い足して間口を広げた三栄電波は、お孫さんを含め親子三代で経営している

を図る」というのが理念だ。山本は三木《みき》武夫《たけお》（当時国民協同党で書記長、中央委員長、のち自由民主党総裁・首相）のこの思想に心酔し、協同主義による町づくりの推進を図った。「屋根の下で商売ができるよう協同主義でやります」とはじめたこの運動は、代替地を獲得し、現在に至っている。

代替地の第一号として、一九四九年（昭和二十四）、総武線ガード下の南側に「ラジオストア」が、翌五〇年には総武線ガード下に「秋葉原ラジオセンター」が完成した。この秋

JR中央線ガード下の「ラジオガァデン」。画面奥の「肉の万世」もかつて鹿野無線という電子部品を扱った商店。ドッジ・ライン不況の際、転業している

葉原ラジオセンターの完成と同時に出店した一人が、三栄電波の井《いの》上《うえ》光《みつ》夫《お》（九〇歳）さんだ。井上さんは戦時中、海軍の技術研究所で無線を研究。終戦後、親類の機械工具店を手伝うものの、電子機器への思いたちがたく、顔なじみの露天商から権利を譲り受け、ラジオセンター開業と同時に出店した。

「当時はテレビもない時代。人々は部品を買い集め、ラジオを自分で組み立てて楽しんだものです。私も本を買ってきたり、図面を調達して、趣味で組み立てました」と井上さん。受信電波の周波数を中間周波数に変えてから増幅・検波する受信方式「スーパーヘテロダイン」通称スーパーが登場して、「音が格段にクリアになって、これでアメリカに近づけた」と心を躍らせたという。この「スーパー」はラジオの大ブー

ムを起こし、店の前の通路は部品を調達しにきた客が並び、身動きできない状態だった、と当時を振り返る。

現在、井上さんは、週一回出勤。息子さん、お孫さんと三代揃って、店を切り盛りしている。店にはボリウム、コンデンサー、スイッチなど二、〇〇〇種もの部品が並ぶ。

ラジオセンターと同じ年、中央通りを挟んで、総武線ガード下の北側に「東京ラジオデパート」がオープンした。五一年には総武線ガード下の秋葉原ラジオセンター北側に「秋葉原電波会館」、中央線のガード下、旧万世橋駅の一角に「ラジオガァデン」――、と次々と協同主義による共同体が誕生した。これはいわばコルホーズ（協同組合をもとにした集団農場）だ。

これらの建物内は、数坪単位で仕切られ、コンデンサーやコイル、トランスなどが陳列台に並べられる。どの店も商品が重なることなく、各店によって揃えられているものが違う。まさに、専門店街のなかの専門店である。コンクリート造りの専門団地、という雰囲気はない。一つ屋根の下の長屋、というのでもない。一つの思想性をもった、独特の雰囲気を共有する共同体である。

このガード下の集団的問屋街が今日の秋葉原電気街へと拡大。専門店街による町づくりの成功モデルケースとなっている。

フィギュア、アニメ、メイド喫茶――こだわりをもつ町

これらの電気街は、一、二階という立地条件のいいところで、その階上には、現在「メイド喫茶」などが入居している。メイド喫茶やフィギュア、同人誌の専門店などアニメ系の店舗が進出。町全体で電子部品・家電店とアニメ店との棲《す》み分けはないが、天地の高さ方向を見ると、地下や上階はアニメ店、一階、二階といった比較的客が気軽に覗《のぞ》け、入りやすいスペースには電気店が出店する――といった棲み分けがなされている。一時期、一部のアニメ店が卑猥《ひわい》なポスターを貼るなど、性的に刺激し、入店を競ったことから、旧来の電気店と新興勢力のアニメ店との間で、関係が悪化したが、現在は改善されているといわれる。

ということで、電子部品、パソコンなど、専門分野に特化した品揃えと、こだわり

をもった顧客。その「こだわり」をもつ者が集まる町、という解釈から考察すると、アニメ店の集団的出現は必然性をもっていた、ともいえるだろう。

流行の先端を演出する場所──JR山手線御徒町駅〜秋葉原駅

もう一度、ものづくりの町へ

秋葉原は、個性が寄り合うことによってガード下電気街が誕生した。これに対して、企画として一つのコンセプトを掲げ、大正時代に建設したガード下の再生を試みているエリアがある。JR御徒町─秋葉原間のガード下だ。見てみよう。

商品経済が高度に発達したわが国では、どうしても商品の流通や分配に関心が向く。流通を卸《おろし》業、分配を小売業といい換えてもいい。学生の就活希望企業を見ても、つねに総合商社は上位に入っている。テレビの情報番組で扱う店は綺麗な店舗を構えた小売業である。

こんなことからか、生産─流通─分配という経済サイクルのなかのもっとも川上《かわかみ》に位置する生産部門に勢いがない。マスコミでは日本の中小企業、町工場の技術力などが高く評価されるものの、実際にその世界に踏み込む者はきわめて少ない。

こうしたなかで、ＪＲ御徒町—秋葉原間のガード下が再整備され、アトリエショップに生まれ変わっている。遊歩してみよう。

名称は「2k540 AKI-OKA ARTISAN」（ニーケーゴーヨンマル アキオカ アルチザン）。2k540とは東京駅からの距離。各路線ごとに起点が決められていて、そこを基準に距離が測られる。この2k540とは、東京駅からの京浜東北線の距離なのだろう。アルチザンとはフランス語で職人を表わす言葉である。

2k540は次代を担うクリエーターを対象に、「ものづくり」をテーマにした工房とショップが一体となったアトリエショップで構成されている。企画運営しているのはジェイアール東日本都市開発。

2k540はガード下の側道からだと白いコンテナの

「2k540 AKI-OKA ARTISAN」の外部

橋脚を列柱にデザインした「2k540 AKI-OKA ARTISAN」の内部

箱が行儀よく並んだように見える。それが中に入ると、ガード下に設けられた中央道路にはギリシャ・ローマ建築を思わせるような列柱が並ぶ。このジャイアントオーダーの両側に白い箱。ホワイト一面の世界に路面のブラックが緊張感を与え、空間内を引き締めている。この統一されたデザインがガード下のイメージを一新。新たなガード下のデザインを世に問い、投げかけている。

　このガード下に出店している各店は基本的に自らものづくりをしているアーティスト。店内に工房があって、そこをショールームにも兼ね、販売をする――ことを目指しているようだ。

　とはいえ、スペース等の問題もあるのだろう、実際にこの場を工房にしているショップはほとんどない。理由を尋ねると、すぐ近所なので、ここでは販売だけ、という答えが返ってくる。御徒町はジュエリーの町。革製品は浅草《あさくさ》、と先入観で尋ねると、革を扱っている店の方も、このガード下の近くに工房があるとか。

そんななかで、実際に工房を備えた帽子店が出店していた。「イフティアート」だ。昔ながらの帽子のようなのだが、どこかちがう。デザインのセンスがよく、かつ品もいい。各サイズをとりそろえた既製品のみならず、別注も受けてくれる。この店は岡山からの出店だそうだ。あるフェアに出品した際、JRから出店の誘いがあったそうで、この店はまさにアトリエショップだ。

ここでしか買えないオリジナル商品を軸に若者の新たなブランド価値の創造をめざしている。

巨大なキャンティレバーは歴史の回廊

――JR総武線浅草橋駅下

レールアーチが出迎える駅

JR総武線浅草橋駅は、ガード下ファンにとって魅力の宝庫。聖地といってもいい。駅舎ホームから、高架橋、ガード下空間の使用――、どれをとっても魅力満載だ。

JR浅草橋駅ホーム階は、中央に複線の線路を敷設し、その両端にホームを設置する相対式ホームとなっている。その線路中央に支柱を立て、その上部から列車が進む桁行《けたゆき》と直角に交わる梁《はり》の四方向を、カーブを描いた方杖《ほうづえ》で支えている。

実は、水道橋《すいどうばし》駅も同様に中央に支柱を立て両サイドのホーム上の屋根を支えているが、三角形の小屋組を形成し、その両端にホームを覆《おお》う屋根をのせているので、そち

古レールを使って造りあげた浅草橋駅。レールというと堅い感じがするが、アールを多用したデザインからは優しさが伝わる

らはややキチッと堅いイメージを受ける。

一方、こちらの浅草橋駅は、曲線によって構成しているため、柔らかなイメージを与えてくれる。

この支柱や梁、すべて古レールだ。かつては、古くなったレールを再利用した駅舎が多数見受けられたが、いまでは貴重な存在だ。昭和が詰まる駅舎は、ガード下へも期待を膨らませてくれる。

ホームが路上を覆う

鉄道高架橋は、地上を走る鉄道と違って踏切をなくすことができるが、なんといっても用地買収費を抑えられるのが利点だといわれている。

ところが、実態はどうだろう。高速道路でよく利用されているT字型の高架橋なら用地買収が少なくて済むかも知れないが、両サイドに柱を建て上部を支える門の形をした橋脚《きょうきゃく》の場合、上空の路線幅＝用地買収の地面幅だ。経費削減、という理由付けには納得できない。ところが、この浅草橋駅舎は最大限の経費削減を実行し、それが新たな美しさを誕生させている。

というのは、高架橋の桁部に線路を敷き、その両端のホームを巨大なキャンティレバー（片持ち梁）で支えているのだ。キャンティレバーというのは、一方は宙に浮いた状態で、片側だけ固定し支えること。このスケールが大きく、線路に沿って整備されている側道上からみると、まるで、アーチを半分に切ってアーケードにしたように見える。昭和の鉄道高架橋の傑作であるといっても過言ではない。この浅草橋駅が誕生した一九三二年（昭和七）の五年後に内田祥三《うちだよしかず》（のちに東大総長）が主導してできた東大球場（東京・文京区）も、観客席を覆う半円形の屋根をＲＣ（鉄筋コンクリート）造りのキャンティレバーで支えている。東大球場はこのデザインで二〇一一年（平成

キャンティレバーの上は駅ホーム

巨大なキャンティレバーが町を覆い、コリドー（回廊）となる

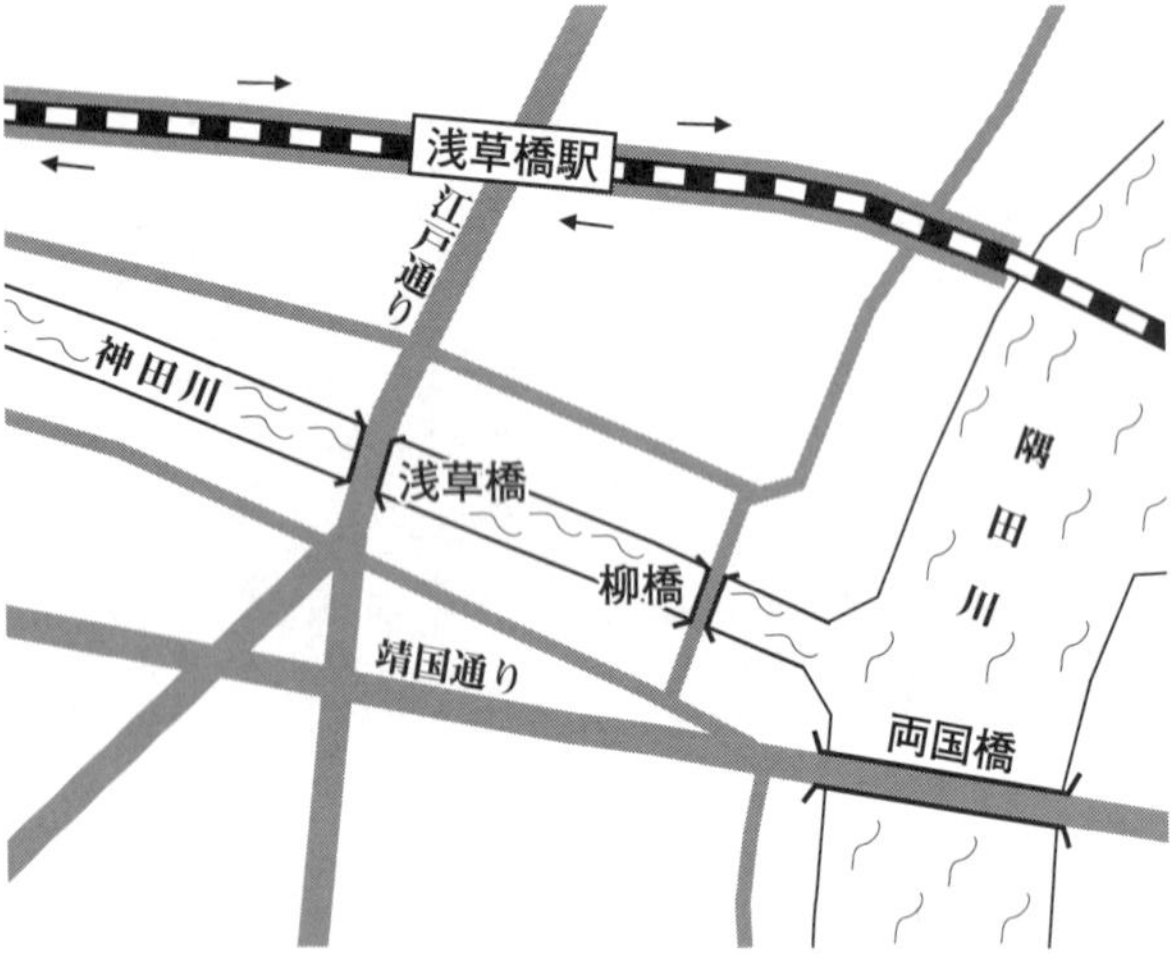

浅草橋駅周辺

二十三)、国の登録有形文化財に登録されたが、浅草橋駅舎もそれに匹敵《ひってき》するわが国の文化財だ。

ガード下も浅草橋問屋街の町なみ

浅草橋駅舎エリアのガード下では、橋脚上部、一階と二階の間《あいだ》付近にナンバーが振られている。13、14、15……。反対側にまわっても同じナンバーだ。ということは、棟割りではなく、両面通した一軒の家である。一軒家なので、家はオモテとウラをもつ。側面は長屋と同じく、道路に面した角の家のみ出現する。

ストーンアクセサリーなどが出店する浅草橋ガード下

長い材木を常備しなければならない材木店も背丈の高いガード下で楽々

この一つ屋根の長屋、各店舗ともに、赤やブルーのオーニング（陽よけ、雨よけ用の覆い）をエントランス上部に設置しているのが面白い。店名を書き込んでいるので、店の宣伝にはなっているのだが、半アーケードの下である。雨の吹き込みを防ぐ、という意味合いからはこのテントの必要性はないにひとしい。とはいえ、店舗正面にはオーニングがあって……、という既成概念は店としての安定性、安心感を与えてくれる。
建物は、基本的に木造モルタル、ないしALC板（発泡コンクリート）。いずれも、耐火性が考慮されている。

浅草橋付近の倉庫群

さて、江戸通り近くは、ラーメンや蕎麦《そば》、うどんといった飲食店が並ぶ。どこの駅舎にもある光景だが、その隣りにはストーンアクセサリー店などが入る。

浅草橋は、人形をはじめとする問屋街として知られているが、それは地理的な要因が大きい。

浅草橋駅の東口前には南北方向に江戸通りが通る。北は浅草に至り、南は浅草橋（江戸時代、ここに浅草御門と見附があった）で神田川を渡ると、日本橋馬喰町《ばくろちょう》の繊維系問屋街、さらに大手町《おおてまち》へと繋がる。と同時に、東西を走る総武線に並行して神田川が流れる。浅草橋駅の百数十メートル下流には柳橋《やなぎばし》、すぐその先で隅田川に合流する、というロケーションだ。陸路の要所とともに川の交通網の要所でもあり、多くの商品が集まってきた。

浅草橋から駅前の江戸通りを北に進めば浅草寺である。この浅草橋から浅草の観音さままでほぼ一直線。ということで、

浅草寺　見附で聞けば　つきあたり

という川柳まで生まれたくらいである。今でも、浅草橋という名前に引きつられ、「浅草寺に行くにはどういったらいい?」という人もいるとか。まあ、歩いて歩けないことはないが、かなりの距離があるので要注意。三〇分は覚悟した方がいい。実際、JR浅草橋駅に隣接する都営地下鉄線浅草橋駅構内では、「浅草方面はお乗り換え下さい」と赤い文字で注意を促し、その下には「雷門、浅草寺、水上バス、花やしき」などと書き込んだパネルも掲げているほどだ。

この浅草橋駅、江戸時代には浅草橋から浅草寺まで土産物屋が並んでいたそうで、そののち、人形屋や玩具屋となり、現代へと繋がっている。江戸から続く老舗が駅付近にかたまって軒を並べている。

今この人形とともに浅草橋で人気なのは手芸と雑貨。ビーズ手芸店が増えている。こうした専門分野に特化した町は、ガード下にもおよび、ストーンアクセサリーや小物雑貨店が入り、地域の特性を表わしている。

このガード下には、材木店も入居。材木屋の場合、管柱《くだばしら》（一階分の長さの柱）は三メートル、通し柱は六メートルとなる。これが木造軸組在来工法で造る住宅の基本の高さとなるが、桁高が高いガード下ならその高さは十分で、絶好のスペースとして活用されている。

これらの駅舎下を過ぎたあたりからのガード下は、新旧の倉庫群が連なる。一見、味気ない倉庫だが、一軒一軒観察すると、東京中央郵便局の四角く面割りした窓を思い起こさせるものや、窓の上部に入れる補強材をデザイン化した出入り口を備えた倉庫など、近代建築を彷彿《ほうふつ》とさせるものもある。ガード下倉庫群は、シブイ分、ツウに好まれている。

オモテとウラ

江戸通りの東側のガード下は色合いの落ち着いた建築群で、事務所、倉庫、駐車場、住宅――などに使用されている。ガード下ナンバーも桁下にこぢんまりと表記されるなど、駅舎下のガード下とはまったく異なった雰囲気を醸《かも》し出している。

こちらも、両側、北と南の両面が側道に面しており、正面玄関はそれぞれ、思い思い、北側をオモテにしたり、陽が入る南側をオモテにしたりと多彩。というのは、北側は駅前の東側から隅田川の西に向かっての一方通行。逆に南側は隅田川から駅舎に向かっての一方通行。南北ともに車の進行方向も考慮し、事務所系は北側をオモテに、住宅系は南側をオモテに、という傾向があるが、それも実はさまざま。いずれにしても両面オモテという建築は見あたらない。パブリックなオモテに対して、プライベートなウラという面も必要、ということなのかも知れない。瓦葺《ぶ》きの庇《ひさし》をつけた民家がなんとも魅力たっぷりだ！

ガード下にカモメが舞う隅田川――ＪＲ総武線両国駅

消えた始発駅

一九一四年（大正三）、東京駅が誕生するまで核となった東京四大ターミナルステーションのうちの一つ、両国。この両国は、相撲とともに生き、相撲の変遷とともに盛衰を繰り返してきた町である。

現在のＪＲ両国駅舎は、関東大震災後の一九二九年（昭和四）に建てられたものだ。ＲＣ（鉄筋コンクリート）造りだ。総武線は山手線の秋葉原駅を通って中央線の御茶ノ水まで延伸されたが、長い間総武線の始発駅としての役割を担ってきた。このため、通過駅としての機能のほか、頭端《とうたん》駅でもあって、行き止まり駅。というのは、ここから列車が千葉方面に向かって出発していたからだ。

駅舎は、傾斜のない陸屋根《ろくやね》（平《たい》らな屋根）で、正面外壁上部にアーチ窓が三つ連なる。その窓の上に時計が掲げられるタイプである。この駅舎は土木学会の近代土木遺産にも選定されている。

今では使用されなくなった両国始発の列車ホーム。桃の節句にはひな飾りのイベントも

相撲の町の盛衰

　両国といえば、両国国技館。相撲の町だ。駅周辺だけでも十数部屋の相撲部屋があるくらいだ。なかには、隣同士相撲部屋というところまである。鬢付け油の匂いが香ったら、近くにお相撲さんがいるという知らせ。姿形を確認する前に、足もとに視線を移すと、素足に下駄履《ば》きならまだ若いお相撲さん。雪駄を履いて博多帯を結ぶのは幕下より上になったお相撲さん。これがさらに白足袋に畳敷きの雪駄、それに紋付きの羽織を羽織っていたら給金の出る十両以上まで上り詰めたお相

相撲のまち両国のガード下。ガード下までちゃんこ屋だ

撲さんである。テレビ画面でも見知ったお相撲さんだ。お相撲さんを見ているだけで心躍る。駅のホームで、小さな風呂敷包みを抱えて、うつむきながらベンチに座る丁髷《ちょんまげ》姿のお相撲さんを見かけると、「めげるな！」と声をかけたくなる。町全体が、相撲一色だ。

ところが、この両国国技館、年代によってその場所が変わる。ある年代は両国橋の袂《たもと》の両国回向院《えこういん》の隣りだといい、ある年代にとっては、蔵前橋《くらまえばし》を渡った蔵前だという。もちろん、現在は両国駅の西口前だ。操車場の跡地である。

これは、一九五〇年（昭和二十五）までは、回向院の隣りで興行し、一九五〇年から八四年（昭和五十九）までは蔵前で興行したからである。回向院の隣りの国技館は日本大学に譲渡され、日大講堂としてボクシングの試合などに使用されていた。隅田

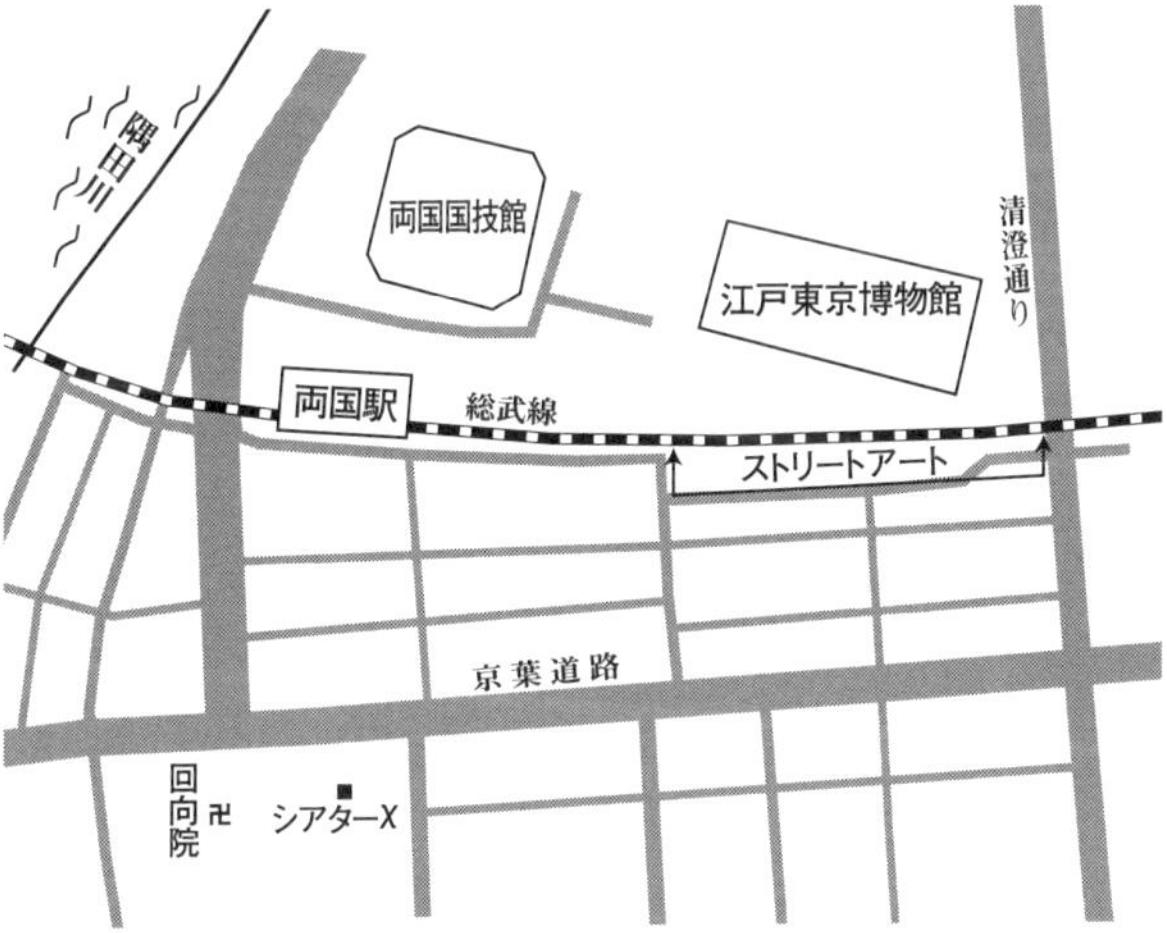

JR 両国駅周辺

川を渡って蔵前に国技館が移転した時代（数百メートルと離れない距離での移動なのだが）には、両国から「相撲」の文字が消え去った。相撲部屋自体は存続していたのだが、国技館がない両国はもはや相撲の町ではなくなってしまったのであった。

一九七二年（昭和四十七）、錦糸町―東京間を通る新たな路線の総武快速線が開通し、総武本線の両国駅始発の旅客列車はなくなった、といわれる。たしかに、総武線の快速線は両国を外し、東京駅から地下で馬喰町を通って錦糸町に抜けるルートをとり、この東京駅を出発駅とするルートが総武本線としての始発となったが、実際には一九九一年（平成三）のダイヤ改正まで、両国駅発の列車は続けられていた。とはいえ、本数が激減し、利用者のほとんどが〝総武本線は東京駅発〟、と思い込んでいたのも事実。国技館がなくなり、始発駅でもなくなった両国は、寂れた町になってしまった。

その人気《ひとけ》のない町に活気を呼び起こしたのはやはり大相撲だった。国技館が戻ってきた。これが一九八四年（昭和五十九）。そののち、一九九三年（平成五）には、江戸東京博物館が誕生した。建物自体は「空飛ぶ棺桶」と揶揄《やゆ》もされたが、充実した展示内容で多くの観覧者を呼び込んでいる。

ガード下アートで、ブロークンウィンドウを回避

どんな町でも、と断言できるかどうかは別として、町には時として吸い込まれていくような吹きさらしの場末空間ができてしまうことがある。両国では、東口から線路沿いに清澄《きよすみ》通りに出る側道だ。この間、途中までは店舗が入ったガード下だが、途中クランクがあってその先は清澄通りの鉄橋まで盛土《もりど》の高架となっている。この鉄道側

東京・両国の盛土高架壁画。町が明るくなり通行人の心を和ませている

は土とコンクリートの擁壁《ようへき》ということもあってか、もう片方は味気ない事務所ビル。当然、就業時間が過ぎれば、ただのコンクリートの箱となる。街路灯は灯されているが、町灯りのない道は淋しい。当然、高架下の飲み屋で一杯やったオヤジたちは、電信柱に向かって、ちょいと用を足す。

こうなると、女性は遠回りしても明るい表通りを歩くことになり、するとさらに人気《ひとけ》のない場末の空間ができてしまう。

こうした悪循環を断ち切るため、一九九一年(平成三)、清澄通りまで出るこの二四八メートル間の盛土に絵を描きストリートアートで埋め尽くした。

高架部は大谷石で覆われ、開かれた窓から川の風景を眺められる。ところによっては、高架部がコンクリート護岸に整備され、その上に座って川面を眺めているとカモメが舞う――。

ここに登場する人物は皆、壁面の奥に広がる美しい景色を眺めている。このトリックアート壁画（だまし絵）は、環境デザインの代表作に挙げられる作品である（前ページの写真参照）。

ガード下から生まれ変わる町
——京成本線・ＪＲ常磐線日暮里駅周辺

あるガード下の変遷

京成本線の日暮里《にっぽり》—青砥《あおと》間が開業されたのが一九三一年（昭和六）。この日暮里駅から隅田川を渡る隅田川橋梁まで、開業当初からＲＣ（鉄筋コンクリート）のラーメン高架橋である。

この区間の高架橋は戦前からガード下空間が貸し出され、飲食店や事務所などの店舗、倉庫、それに住宅として利用されてきたが、阪神淡路大震災にともなう耐震補強を理由に退去させられ、補強工事が進められている。

最後まで残ったのは、道灌山《どうかんやま》通りと尾久橋《おぐばし》通りが交差する頭上を通過するガード下で営業するラーメン店のみ。ここは、道灌山通りを鉄橋で渡る。ガード下の店舗—歩

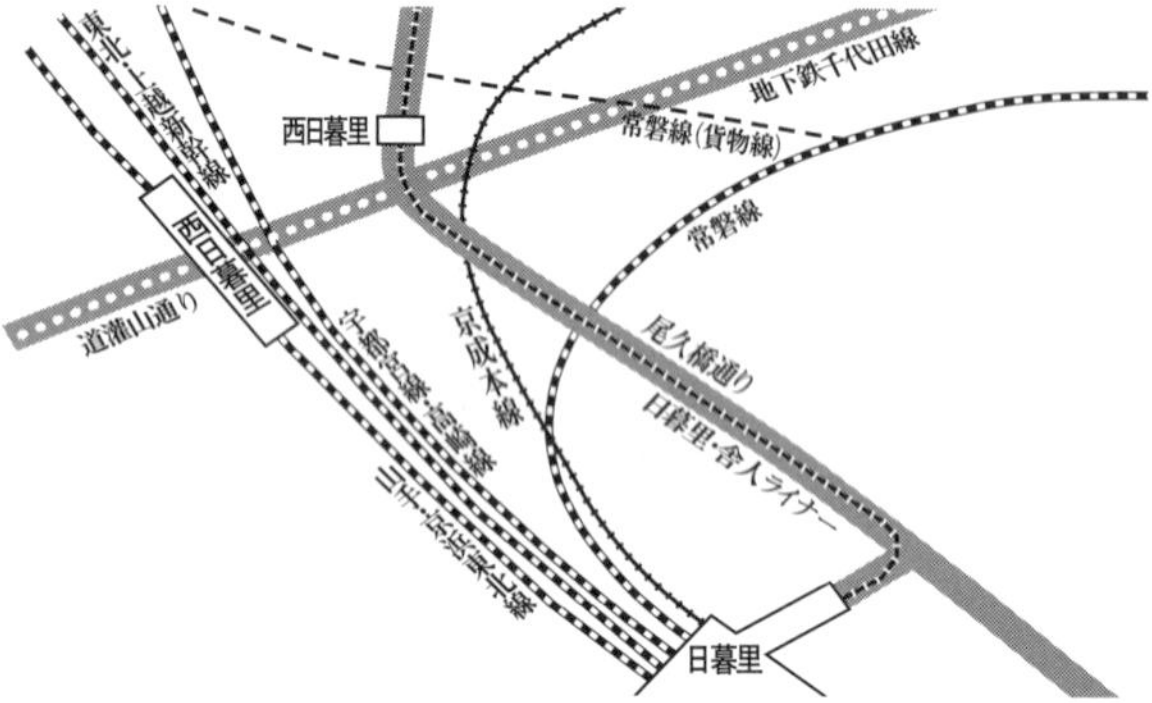

西日暮里駅周辺路線図

道――道路――ガード下空間という並びである。このガード下の北側目の前には日暮里・舎人《とねり》ライナーの西日暮里駅。尾久橋通りを渡ったところには千代田線西日暮里駅とJR山手線西日暮里駅がある。まさに交通の要所――と、現代ならいえる。

だが、日暮里・舎人ライナーが開業したのは二〇〇八年（平成二十）。千代田線西日暮里駅が開業したのは一九六九年（昭和四十四）。これにともない乗換駅として山手線に新たな駅が開業された。これがJRの西日暮里駅で、山手線では一番新しい駅となる。

さて、この道灌山通りと尾久橋通りの交差点、千代田線とJRの乗換駅が誕生するまでは寂れた地域だった。それが、千代田線の開業とともに京成本線のガード下には突如、飲食店が出現することになる。これがほぼ四〇年ほど前。ガード下のラーメン店もこの四〇年前に出店している。

現在では退去し、空き家となっているが、道灌山通りガード下にはラーメン店のほか、喫茶店が出店していた。その喫茶店の隣りにはガード下を横断する歩道と車道。喫茶店の道路側には大きな窓が設けられ、客はゆったりと通りを行く通行人を眺めながら美味しいコーヒーを飲み、至福のひとときを過ごした。ガード下の特徴でもあるが、ガード下を横断する通路に接する区画は他の区画に比べて小さくなる傾向がある。このガード下も同様で、JR側の北側に扉一枚の出入り口を設け、こぢんまりとした空間を提供していた。

ラーメン屋もオモテはJRに面した側。店の前に小さなテーブルを出し、セットメニューのサンプルを並べるなど、熱心さが伝わる飲食店である。昼も夜も人気だが、夜はほとんど飲み屋と化す。カウンターもテーブル席も基本的に常連（?）客。どの客も焼酎をボトルキープしているようで、次々入る客は皆、その酒を飲んでいる。

川や幅員の広い道路を跨ぐ際には通常、鋼製橋脚で造る。鉄を使うわけだから費用はかさむが、コンクリートに比べ、強度が大きく、軽量化でき、軟弱な地盤でも施工できるからだ。コンクリートで造ろうとすると、重たい上部工を支えるため、橋台もそれらの重さを支え、耐えられるものにしなければならなくなる。その分、強固な地盤を必要とするのは必然となる。

というわけで、居酒屋と化したラーメン屋のすぐ脇は鉄橋。ここをひっきりなしに電車が通過する。ゴーッ、ガシャ、ガヤッー、グウォーというけたたましい騒音が沸《わ》き起こり、その音響に負けまいと、店内のテレビから発せられる声も大きくなる――というのは、錯覚で、なにも電車が通過するときだけ、ボリュームが上がるのではなく、通過してしまうと、大音量のテレビの声だけが残っているのに気付かされる。このテレビの音量に負けまいと、客たちは自らの話に熱中する。誰もが熱弁?(いや声が大きいだけかも)。ボルテージが上がるなかでの酒宴は盛り上がりに盛り上がる。これが人気なのだろう、いつも混み合っていた。残念ながら、二〇一一年秋、店は閉じた。

このエリア、実は千代田線が開通したため、人が集まる商業地域となったわけでは

都内での京成本線最後のガード下。西日暮里付近（撮影：2011 年夏）

なかった。このラーメン屋のあたりには、京成本線の駅舎があったのだった。

駅舎は、道灌山駅（痕跡《こんせき》は残っていない）といった。その道灌山駅があったのは一九四七（昭和二十二）まで。道灌山通りに向かってカーブするあたりだ。つまりラーメン屋があるあたりは駅前だったことになる。現在は、幹線の道灌山通りが通り、そこに尾久橋通りが交差する。そこを京成本線が高架で抜け、その上を新交通の日暮里・舎人ライナーが通る。道灌山通りの地下を通る千代田線からは出入り口の開口部を広げ、尾久橋通りの隣りにはＪＲ山手線が通る。鉄道はそれぞれ駅を設け、乗り換えができる。駅に向かって人が集まり、廃駅によって店舗が消滅し、再び別の駅が誕生し、人が集まる——ことを繰り返してきた。その中心が道灌山通りのガード下だ。ガード下空間の利用が横断する道路などによって寸断されるこのスペースは、一種独特のノード（辻）を形成する。人が立ち止まり、集まる。ところによっては屋台などが出現する。このノードが道灌山ガード下だ。

道路を跨ぐ、といえば、もう一方の側があるはず。そちらは、ガード下利用者が退去し、網フェンスで覆われた状態だ。ここもハッキリ表通りなのだが、店舗が入っていない分、淋しいスペースで、こうなると残念ながらガード下は巨大な容積をもつゴミ箱と化する。

ガード下の残像

常磐線の貨物線踏切を渡ると、もぬけの殻となったガード下が延々と続く。風化グラフィックだ。梁《はり》部に目を向けてみよう。かすれてはいるが白いペンキで「有限会社大平塗装工業所」と書かれた痕跡がある。ここはペンキ屋だったのだろう。その隣り

ガード下利用の名残がみられる

には「メラミン焼付・ラッカー○○」とある。こちらも塗装屋だ。

桁下を覗くと、部屋の仕切り跡《あと》がソックリそのまま残っている。スカイブルー、イエロー、ホワイトで間仕切られた間取りコンポジションもみられる。これはオシャレ。ブティックでも開いていたのだろうか。この残像はモンドリアンそのもの。意図せずして結果として生まれた芸術である。

梁に「堂食米南」という看板を出しているところもある。他はみなホワイトないしブラックのペンキ書きだが、ここは横長の額縁を造り、そのなかにレリーフで文字を浮き上がらせている。しかも、文字と地をブラウンの濃淡で表現している。魅力的である。ただし、この地の色は年月を経ているもののようなので、セピア色に変わった写真のように当初の色合いを表わしているのかどうかは分からない。近づき、凝視するとこの看板、木製でも漆喰でもなさそう。セメントで造り、貼り付けたもののようで、そのため、今日まで生きながらえている。

さて、「堂食米南」？　逆に読めば「南米食堂」である。日本語を横に書くときには左から右に向かって文字を書き込む。ところが、いつの時代までだろうか、横書きの際、右から左に向かって書かれていたことがあった。その店のあった年代が想像できようというものである。

間取りコンポジションが風化グラフィックとして生き続けている。モンドリアン！

南米＝ブラジル。ブラジル移民の里帰り？　この西日暮里にブラジル料理！　移民一世？　それとも二世？　ポルトガル人の顔をした料理人による本場の料理か？　そんなレストランなんて素敵。この店の方たちは今どこにいるのだろうか。近くに住む方に尋ねてみた。すると、営業当時のことを覚えている方がいた。ガード下前で「大黒屋」という酒店を営んでいるご主人だ。

「ガード下？　この区間は最初から高架でしてね。特にこの付近は高さがあるんで一階を店舗、二階を住居にしているうちが多かったですね」とありし日のガード下を振り返ってくれた。

　ガード下の住人が退去したのは、阪神淡路大震災を受けての高架橋耐震補強工事のため。順次退去していったという。

「印刷屋さんも二階を住居にしていましたね」とご主人。「ハイカラな南米食堂？　残念ながらブラジル料理店ではなかったんですよ。中華料理店でしてね。えッ？　いや、純粋な日本人。夢を壊してしまいましたかね」。残念そうに答えてくれた。

　この京成ガード下は、ロマンがいっぱい詰まったガード下が残っている。とはいえ、耐震補強のため、どこのガード下も大きな節目を迎えている。

ミヤコ蝶々も暮らした大阪・美章園《びしょうえん》ガード下

――JR阪和線美章園駅

人情味豊かな大阪の下町

大阪のJR大阪環状線、天王寺《てんのうじ》駅から阪和《はんわ》線で一駅離れたところに素敵な町とガード下がある。この美章園《びしょうえん》を訪ねてみよう。交通の便がいいにもかかわらず、大阪でもあまり知られてない町だそうだが、魅力たっぷり。取材で、魚屋の女将さんに声を掛け、その指示で散髪屋に向かって話を聞き、歩き出すと、もう、近くの喫茶店でそのうわさは広まり、逆に声を掛けてくれる、という、すべてが一つの家族のような世界である。この共同体のように一体となった町に昭和の夫婦漫才ミヤコ蝶々《ちょうちょう》と南都《なんと》雄二《ゆうじ》が住んでいた。

ミヤコ蝶々は、美章園のガード下のうどん屋の二階で所帯をもったころについて、

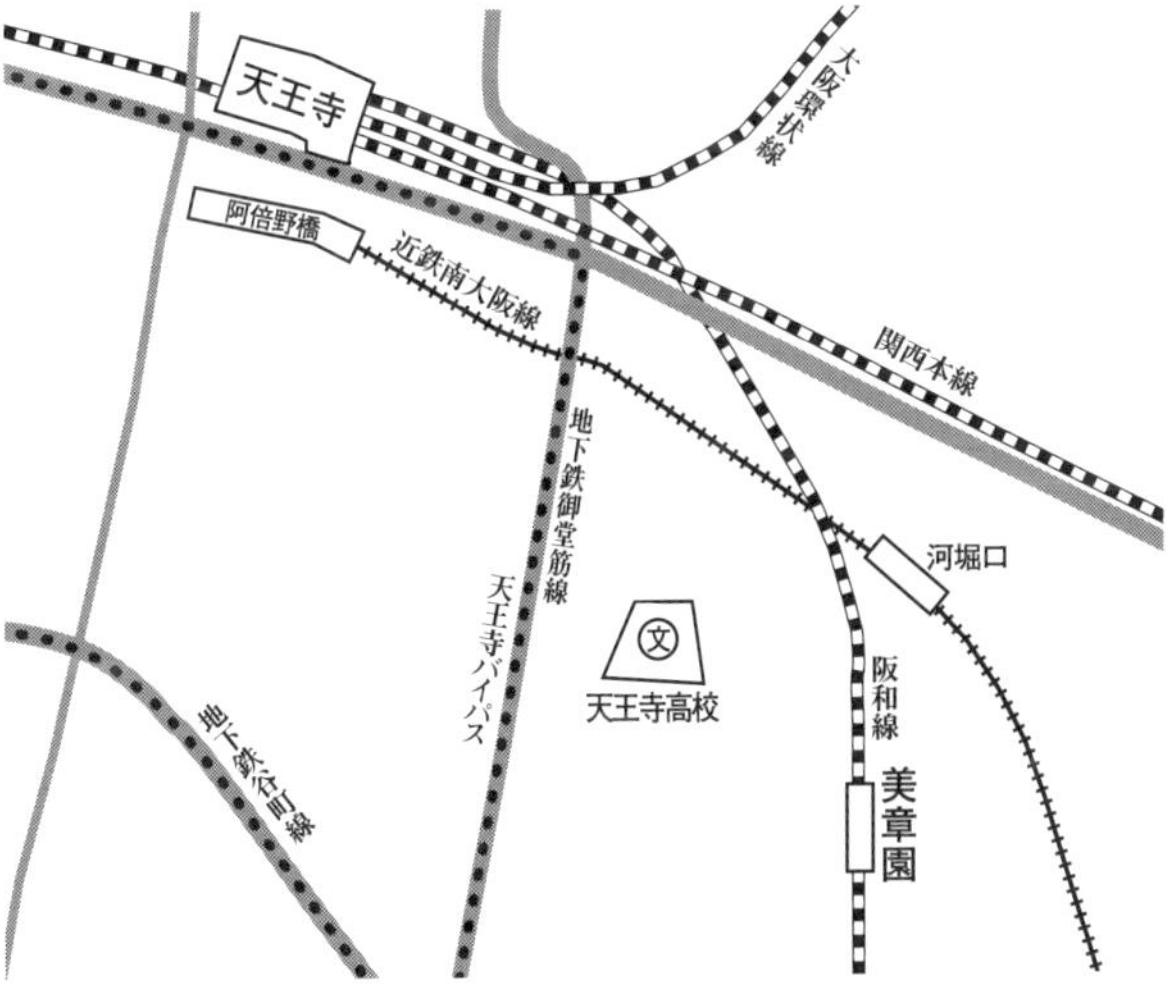

美章園付近

「四畳半と二畳の狭い部屋に小さな整理簞笥《だんす》と机を置いて、あとはこまごました世帯道具を並べました。上を電車が通るたびに、簞笥の上のフランス人形が落ちてくるような振動がいたします。それでも狭いながらも差し向かいの楽しい我が家でした」（『女ひとり』）と回顧している。そののち、近くに一軒家を建てて住んでいたそうだ。それほど、暮らしやすい町だったといえる。

　美章園は一九三一年（昭和六）、阪和電気鉄道の阪和天王寺駅（現在の天王寺駅）―南《みなみ》田《た》辺《なべ》駅間に停留

所として新設されたのがはじまりである。横浜の鶴見臨港鉄道が戦時買収私鉄に指定され国有化されたのに続き、阪和線も一九四四年（昭和十九）、国有化されている。それが、翌四五年（昭和二十）には、アメリカ軍による空襲で、美章園駅付近に一トンもの爆弾が落とされ、RC（鉄筋コンクリート）造りの橋脚が破壊され、周辺民家も巻き込まれ、多くの死者を出す大惨事《だいさんじ》となった。空襲の際にはみな、電気を消し、身をひそめていたが、列車のライトが米軍の飛行機に見つかり集中砲火されてしまった、と伝えられている。この惨事を後世に残すため、駅東側に「遭難供養之碑」が建てられている。

巨大な鉄骨トラスが美しい

巨大な鉄骨トラスがホームを支える

美章園の駅舎は、一般的な門型のRCラーメン橋で、桁の上に上下線の線路を敷設し、その両側にホーム

「高度経済成長の時代にみんな近所に家を買って、ここで実際に住んでいるのはごくわずか」と喫茶店「ブレーメン」のマスター安村敏明さん。ガード下二代目となる父親の代には、疎開で和歌山に避難したものの、戦後再び舞い戻り、美章園のガード下で三代続けて暮らしている。「よく、煩くないですかとか、振動は？　と聞かれますが、もう慣れてしまって気になりませんわ。住めば都です」

店舗は西陽を嫌って東側に設け、一方の西側は住居として利用している

を設置する、という二面二線の相対式ホームなのだが、そのホームは宙に浮いた状態。門型の構造物から外れたホームを鉄骨のトラスで支えているのだ。この方式は東京の私鉄ではままあるが、それはどれも小規模なもの。これだけ大掛かりなものは他には例をみないだろう。大掛かり、といえば、東京の浅草橋駅も桁からはみ出したホーム部が空中に浮いており、巨大なキャンティレバー（片持ち梁）で支えているのだが、そちらは近代建築を想起させる女性的デザイン。この美章園は、男性的だ。

住民たちの温かさを感じるガード下の緑たち

植栽が豊かなガード下

ガード下の使用方法は、日射《ひざ》しの強い西日を避けているのだろうか、美章園の東側を店舗とし、反対の西側を住居にしているところがほとんど。東が商業エリア、西が住居エリアである。基本的に例外なくこのパターン。ただし、東西を通して店舗とし、西側からも細々と入れるようにしている店もある。この場合は住居は二階となる。とはいえ、話を聞くと、現在は、ほとんど住んでいる人はいない、とのことだ。

住んでいる方はほとんどいないとはいえ、住居エリアには豊かな植栽。これがいい。みな自《みずか》らの家、自らの町として捉えている証《あか》しである。

ヤミ市を起源に一キロ続く商店街

――JR神戸線元町駅～神戸駅

変幻自在なガード下文化

JR元町《もとまち》駅のガード下がなんとも超巨大。ガード下に中央通路を設《もう》け、その左右に店舗が並ぶ、という東京・御徒町《おかちまち》のパターンなのだが、商店街は約一キロも続く。そのガード下を探訪してみよう。

JR元町駅の東口から西口までのガード下には巨大な庇《ひさし》が付く。構造体とは別に橋脚上部に庇を付け、その庇を片持《かたも》ちで支えている。これが延々と続く。位置的に二階屋以上の高さにあるので雨除けとしての機能がどのくらい果たせているかどうか判断できないが、神戸のガード下は至れり尽くせりだ。

さて、元町駅西口付近から、神戸駅付近までガード下一・二キロの間に「元町高架下商店街」が続く。通称「モトコー（元高）」だ。

モトコーは一番街から七番街までである。側道側から見ると、上下の端部を曲線にして鮮やかな赤色などに塗られた窓手摺《てすり》が視覚を釘付《くぎづ》けにする。これがほとんどホワイトといっていいほどのクリーム系の外壁に映えるのだ。とはいえ、こうしたオシャレなデザインも、すべて同じ繰り返しとなると食傷気味となり、団地と同じように見え

現在のガード下は40年前建設されたもの。橋桁上部にはナンバーが振られ、外装も画一的だが、中に入ると異世界が開ける

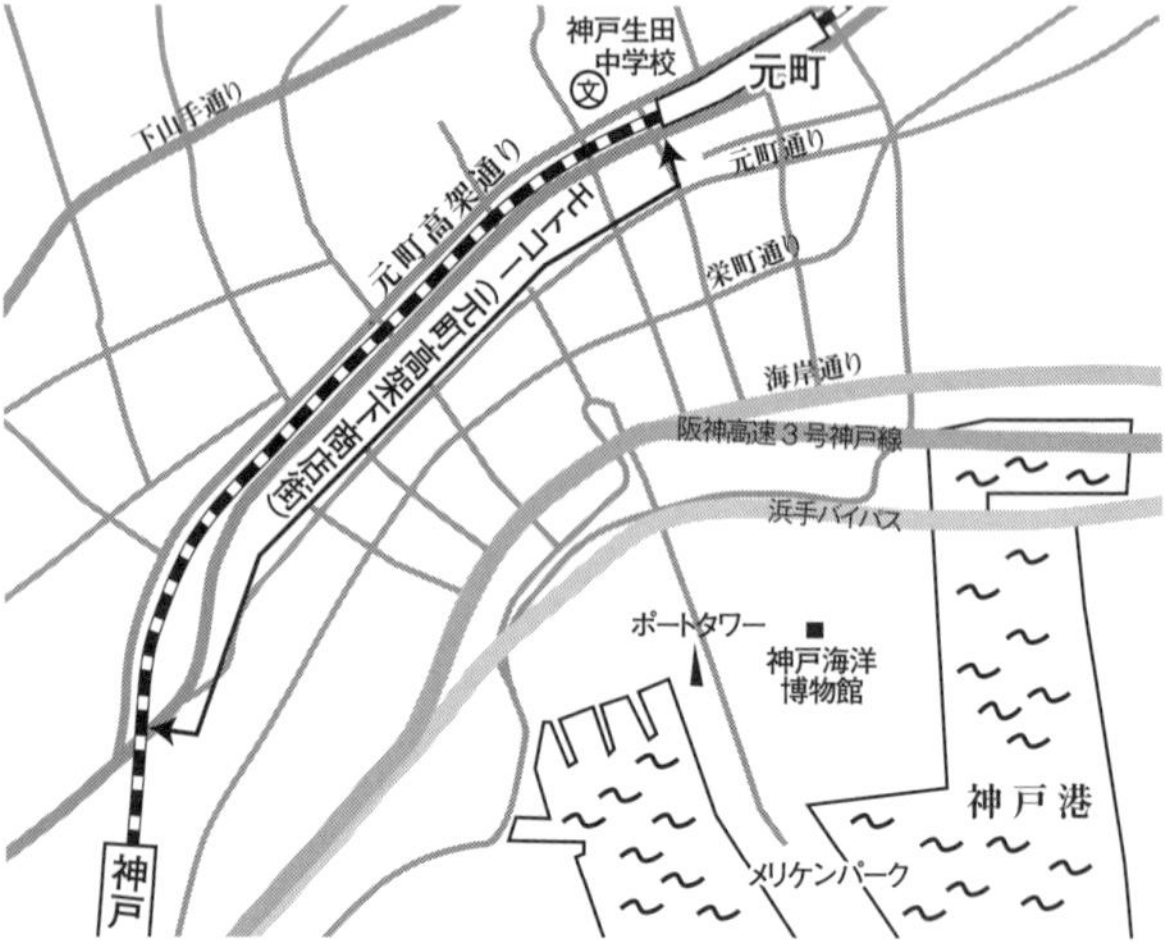

JR 神戸線元町駅付近

てしまう。ところが、ガード下に入ると、この画一性が一変する。変幻自在なガード下文化が展開されることになる。

シャッター街をアートで再生

神戸—大阪間に鉄道が敷設されたのが一八七四年（明治七）のこと。新橋—横浜間ができて二年後のことだ。東京の中心部に鉄道が敷設されたのが大正時代（皇居前に現在の東京駅ができたのが大正三年）、ということから振り返ってみても実に古い歴史をもっていることが分かる。

この鉄道が高架化されたのは一九三一年（昭和六）であった。

このガード下がどのような歴史を綴《つづ》ったのか。戦前のことは確かではないが、戦時中、神戸は一〇〇回以上の空襲を受け、一九四五年（昭和二十）の三月、五月、六月には絨毯《じゅうたん》爆撃を受け、神戸市街地は壊滅状態になった。とはいえ、幸い、ガード下は焼け残っている。戦時中は、シェルターとなって、罹災《りさい》者が集まっていたという。それが、敗戦の日、その当日から饅頭《まんじゅう》などの食べ物を売る者が現われ、やがてヤミ市となり、このヤミ市の中で自治的な組織をつくる運動が沸《わ》き起こった。敗戦の翌年の秋頃には屋台的な利用から連続型店舗へと姿を変えはじめたとされている。

モトコーガード下街非常口。大人が横向きにならないと通れないような開口部から両手を広げた以上の開口部まで街区によってさまざまな非常口が用意されている

これが、現在のモトコーへと続く。一番街はファッション系が充実。古着屋などが連なる。二番街もファッショ

ン系などが入り、落ち着いた商店街だ。

三番街は、飲み屋が多く進出。

この一番街から三番街までは、店の経営者・店員、それに通行人も含め、若者がほとんど。モトコーにぎわいづくりプロジェクトが実施した通行人調査でも、この区間は若者、なかでも女性の通行量が多い、という結果が出ている。

四番街からは、古道具屋、その他。七番街に向かって、人通りが極端に減少し、寂れ、シャッターが下りた店舗が目立つ。もはやシャッター街である。

わが国の不況は、日本を代表する神戸まで広がってしまっている。この不況はいったいいつまで続くのか。

とはいえ、このシャッター街、単なる不況といい切れない。実は、というほどではないが、元町は目の前に神戸港を擁《よう》する港町だ。ひっきりなしに外国船が入港し、船員は下船してモトコーに立ち寄った。ところが、いまは外国船が入ってこない。外国船が入ってこなければ、外国人の船員も来られない、ということだ。この話は、一《いち》神戸、というよりも神戸港を含め、日本全体が、アジアのハブ港という、世界とアジアからの位置付けから脱落したことを裏付ける。まさに日本国自体の世界での立ち位置と構造変化を受けてのシャッター街になってしまっていることの象徴といえるだろう。

そういう目で見れば、にぎやかな一番街もガード下の側道側にはタンギング（スプレーで描かれた落書き）があった。

あまりにもシャッター街が続くと人通りも絶え、そうなると一転、ブラックボックスのような、吹きさらしの場末空間が生まれてしまうことになる。こうなるとレトロと呼ばれる古さは汚《きたな》らしさと表現が置き換えられ、それならこの程度のことはしていい、とタンギングが始まる。これが現在のモトコーの段階。こうなるとブロークンウィンドウ（破れ窓理論／壊れた窓を放置すると、誰も注意を払わない、という意識が広がり、まもなく他の窓も破壊され尽くすという理論）へと悪循環への道を進むことになる。

こうしたことへ突き進むのを阻止するため、神戸市は神戸ビエンナーレ組織委員会を立ち上げ、芸術文化の祭典「神戸ビエンナーレ」のなかで、町の賑《にぎ》わいづくりや活性化につなげるための具体的な取り組みとして、画期的な「高架下アートプロジェク

「銀の雨・金の環」〝チーム銀の雨〟（代表・戸矢崎満雄）

ト」をモトコーで実施した。

これは空き店舗が目立つガード下商店街を活性化させようというもので、点在する空き店舗、計六〇平方メートルのスペースを活用。画期的というのは、単にアーティストが開催期間に作品を展示するだけではなく、空き店舗を利用しての制作過程を公開したことだ。春から半年間、制作過程が公開されている。

神戸芸術工科大学の教授と学生による「銀の雨・金の環《かん》」は、商店主や利用客に不要なボタンの提供を呼びかけ、天井からボタンを雨のようにぶら下げている。また、高架を走る電車の振動を利用して光る照明空間「Brilliant Noise」などが展示された。これらは倉庫や骨董店として使用されていた空間なのだが、なかには天井に目をやると仕切りの跡があり、それがまるでモンドリアン。作品とともに楽しめた。

ビエンナーレということなので、二年に一度のサイクルで催される。

泉も神社もある阪神・御影ガード下――阪神本線御影駅

阪神淡路大震災にも耐え、地域住民の台所として活用されているガード下がある。阪神本線の御影《みかげ》だ。この御影はガード下ファンにとっての魅力満載。ぜひ遊歩してみよう。自由で大らかなガード下である。

地震にも強いガード下

路面電車で運行していた阪神本線が高架化されたのは一九二九年（昭和四）。その阪神電鉄の御影駅近辺のガード下は阪神淡路大震災の際にも耐え、今日に至っている。

ガード下の利点は、構造体が強固なことだ。皆、基本的に鉄筋コンクリート造りである。基本的に、というのは現在はさらに高強度のＰＣ（プレストレストコンクリー

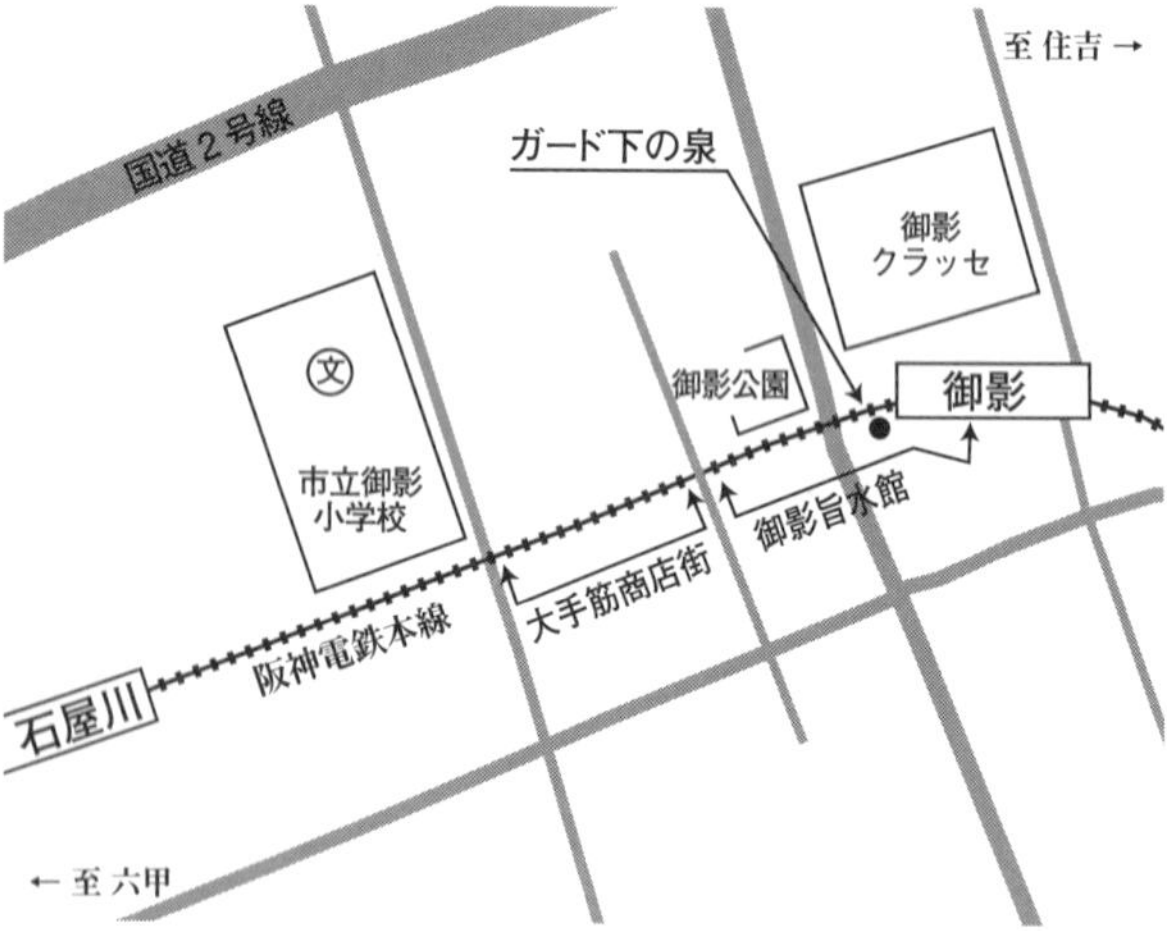

阪神本線御影駅付近

ト）などが使用されているためだ。ガード下は強い。

御影―石屋川《いしやがわ》間のガード下には市場が入居している。組織名は協同組合御影市場。通称「御影旨水館《しすいかん》」だ。この旨水館は一九五五年（昭和三十）に阪神電鉄と賃貸契約を結んでいる。

西に向かって続くのが、「大手筋《おおてすじ》商店街」だ。こちらは一九六五年（昭和四十）頃ガード下に出店している。こちらのガード下も、中央に通路を設け両側に店舗が並ぶタイプだ。この大手筋商店街の先は専用住宅が続く。

御影のガード下には市場が出店している

ガード下は庶民の市場

御影旨水館の誕生は古く、一九二〇年（大正九）に現在地より北の御影町上弓場《かみゆみば》で開業。その後、一九三五年（昭和十）、現在地に移転しているという九〇年以上の歴史をもつ市場である。肉屋、魚屋、八百屋という肉—魚—野菜を扱う店が揃っているので、これだけで日常生活を送ることができる。このほか、パン屋、手づくり豆腐、天ぷら（薩摩揚げ）屋、削り節屋といった下町風情のある商店街だ。

ところが、この先の大手筋商店街はシャッター街になってしまっている。

いずれの商店街も、阪神淡路大震災に耐

えた、実に頼もしい商店街なのだが、そのことが逆に商店街の再開発を留まらせ、客足は激減。と同時に高齢化と後継者不足から空き店舗が発生したが、二〇〇八年（平成二十）、御影駅の北側に阪神百貨店と七〇の専門店が入った大型商業施設「御影クラッセ」が誕生。クラッセとはイタリア語で「高級」という意味。「ちょっと上質な日常を提案」をテーマにしている。このクラッセとの相乗効果にのって、庶民の台所をまかなってきた旨水館も活気が戻ってきている。

ガード下稲荷

ガード下にお稲荷さん

この御影旨水館が入るガード下には、店舗と店舗の間に神社が祀《まつ》られている。商売繁盛の神様であるお稲荷さんだ。しかも最高位の「正一位《しょういちい》稲荷大神」とある。魔力に対抗する朱色に塗られた鳥居が二本。数歩の参道を歩くと、ガラスの自動ドアがあって、その先が祠《ほこら》だ。商店街の営業時間が終了すると、この稲荷もシャッターが下ろされる。商店街の誕生時からあったものかどうか分からないが、空き店舗利用なら、新たな発想だ。

泉が湧くガード下

ガード下ファンにとって、御影でもっとも魅力的な一つは泉があることだ。全国どこのガード下を訪ねても、泉が湧くガード下など見つけられないだろう。

ガード下で湧き出る泉。最近は水量が少なくなってしまったといわれているが、奥には小さな祠もある

御影というのは、神話に登場する皇后が水面を鏡に化粧を直した、とのいい伝えから。その水がガード下で湧いて出ている。

「水は溢れるように湧き出て、流し場もあって洗濯をしていた」と語るのは、昆布・花鰹《かつお》の山田さん。それが、新幹線の工事時期からぱったり水量が減って、いまではちょろちょろ、とのことだ。とはいえ、いまだに涸《か》れてはいない。六甲山脈からの地下を通って湧いて出ている水なのでミネラルもたっぷり。美味しいはずだが、最近、水質検査の結果、大腸菌とフッ素が検出された。そのため、生水の飲料については禁止となっている。

III

高度経済成長に誕生したガード下——その再生とオモテ化

光が眩《まぶ》しい洞窟の魅力——東京メトロ千代田線綾瀬駅

突然消えた電車と駅舎

わが国が高度経済成長を続けていた時代、東京都心周辺の人口が大幅に増加した。JR山手線、総武線、中央線、常磐線、京浜東北線ともに通勤時の乗車率は三〇〇%前後にものぼっていた。こうした事態を受け、常磐線に複々線化の計画が持ちあがった。

常磐線の複々線化が実現されたのは一九七一年(昭和四十六)だった。高架での複々線化であった。

常磐線の複々線化とは、各駅停車の鈍行電車のほかに快速電車を走らせるものだったが、蓋《ふた》を開けてみると、いままで使っていた北千住《きたせんじゅ》—綾瀬《あやせ》間の鈍行線を切断し、この間を新たに霞ケ関から引き込んだ地下鉄千代田線とするものであった。北千住—綾

綾瀬駅付近。高架化当初からスーパーマーケットが出店している

瀬間は四月十九日までJR所有の路線であったが、一夜明けた二十日には東京メトロ所有の地下鉄路線に切り替わっていた。綾瀬駅も東京メトロに移管された。このため、いつも通り定期券を使って綾瀬駅の改札を通り、いつも通りホームに上がり、いつも通り電車に乗ると、その行き先はいつもと違った地下鉄の北千住駅に到着する。そのまま乗っていると、とんでもないところへ連れて行かれることになった。綾瀬駅に入る上り電車は前日まで上野行きだったが、二十日以降はまったく方向違いの霞ケ関行きしか入線しなくなってしまった。綾瀬から常磐線で隣りの北千住に行くのには、行きたい方向とは正反対の亀有、金町《かなまち》を通って、千葉県側の松戸まで行き　そこで快速電車

に乗って北千住まで移動しなければならなくなった。事実、当時、東京メトロがストを打った際には、千葉県側の松戸まで行き、そこで快速電車に乗り換えて東京側に戻ったのだが、JR松戸駅そのものにそうした乗客を受け入れるだけのキャパシティはなく、駅から乗客がはみ出し、駅周辺は人の波となって、大混乱の渦にまきこまれた。

通常、他社線の乗り入れというのは、新たに線路が敷かれ、乗客はどちらに乗車するか選択できるものだ。現代では考えられないことだが、住民、利用者の理解を得ることもなく、一方的にJRから地下鉄に切り替えるものであったため、混乱をきわめた。地下鉄の乗車率は低いものだが、この強制的な切替えで、千代田線はいまだに驚異的な乗車率を保っている。

複雑、錯綜化した線路上とガード下

利用者側からみた綾瀬駅周辺は一夜にして一変したのだが、その所有関係というのはさらに複雑で、線路上の複雑さはその線路の下、つまりガード下にまでおよぶ。

千代田線、常磐線が東西に延びる綾瀬駅周辺の所有関係は、いくつかのブロックに分けられる。線路の南側は常磐線の快速電車が走り、この路線はＪＲ。線路の北側は綾瀬駅から東に一〇〇メートルほどが東京メトロ千代田線。その先はＪＲ常磐線となり、ＪＲの所有――と、高架上三ブロックに分けられている（高架の線路上にＪＲ東日本と東京メトロとの境界標が設置されている）。

というわけで、その高架下もそれぞれ、ＪＲ、東京メトロ、ＪＲ――が所有、それぞれのグループ会社が管理している状態になっている。

JRと東京メトロの境界標

高度成長期のガード下

高架化の当初から出店しているのは、そのころ誕生し、急成長をはじめたスーパーマーケットであった。これは現在も健在であるが、旧駅舎があったエリアは、東京メトロ所有の線路下とＪＲ常磐線の線路下の

旧駅舎近くのガード下。パチンコ屋と赤提灯が並ぶ

間の通路を中心に両端に一杯飲み屋が連なる。もつ煮込み、焼き鳥、大衆酒場……。高架間の通路は路地裏となり、店構えに気取りなどみじんもみせない下町住人好みの雑然とした繁華街が息づいている。パチンコ屋と赤提灯の飲屋《のみや》街だ。綾瀬が高架化される三年ほど前、綾瀬駅の駅舎が数百メートル東の現在の位置に移転した。このため、かつての駅舎跡付近は現在の駅舎から遠く離れることになったのだが、地域に密着した土着的な駅前感覚で利用されている。

一方、現在の駅舎の出入り口付近にはカフェやレストラン、輸入雑貨の店などチェーン店を入店させた「マーヴ 綾瀬リエッタ」が東京メトロによって整備されている。その先のＪＲのガード下には食べ物屋が出店しているが、こちらは側道のみからの入店になる。

食べ物屋の先には区営の駐輪場が設けられている。

駅改札口からやや遠いが、駅前放置自転車台数全国ワーストワンというランク付けがなされた際、急遽駐輪場が設置されている。

住んでみたい町No.1。自己完結型をめざす吉祥寺

――JR中央線吉祥寺駅

都会ののどかさが魅力の町

「住んでみたい町」というアンケート調査が不動産など各社で行なわれているが、そのほとんどでナンバーワンないし上位何位かに入るのがJR中央線の吉祥寺《きちじょうじ》である。

駅周辺に大きな商業施設がいくつもあり、お洒落《しゃれ》なアーケード街もあるほか、戦後のヤミ市からの流れをもつ下町情緒が味わえる横丁まである。町にはどこの町にも山手的な気品あるお洒落な雰囲気と、人情味豊かで飾らない普段着で過ごせる下町的な側面の二つをもつ。これが町の一つの魅力ではあるのだが、ここ吉祥寺はこれらに加え、ボート遊びもできる池を備えた自然豊かな公園まであるのが魅力を増している。

一般的に駅前に大きな公園があるとそのエリアは拓《ひら》けない、不動産価値は上がらな

いといわれる。というのは、公園部分は民家と違って物理的な意味で、撤去の末、再開発し、商業エリアとすることができないからだ。ところが、この水を蓄えた緑豊かな吉祥寺は開発が進むショッピングエリアの北口側ではなく、反対の南側で、しかも駅から少々離れているため、〝町のなかに自然を満喫できる散策コース付き〟と受け取られ魅力は増すばかりだ。

かつて「住んでみたい町」で吉祥寺を挙げた人の内訳をみると、東京多摩《たま》地区の二○—三○代の女性が多く、二位、三位に挙げられる自由《じゆう》が丘《おか》は、都内二三区に住む二○代の女性。自由が丘は目黒区だが、吉祥寺は見知らぬ市部の武蔵野市という感覚もあったのかも知れない。実際、高度経済成長期の大規模再開発がなされる前の吉祥寺に住んでいた人たちは、映画も買い物も隣りの西《にし》

JR吉祥寺駅前にはヤミ市の流れをくむ「ハーモニカ横丁」が下町情緒を醸しだし人気だ

吉祥寺駅近くのガード下。統一したコンセプトのもとに整備されている

荻窪《おぎくぼ》まで行ったという。西荻窪は杉並区であった。

自由が丘の次に挙がるのが恵比寿《えびす》。こちらは二三区内に住む男女——と、現在住んでいる場所と年齢構成により違いが生じていたが、最近では、吉祥寺という名称自体がブランドとなり、地域を越えた支持を集めるようになっている。

ガード下にお洒落な大都会が凝縮

ＪＲ中央線吉祥寺駅が高架化されたのは一九六九年（昭和四十四）。常磐線の高架化よりわずかに早い。

このガード下のステーションセンターは、大掛かりな改装工事を経て、現在アトレ吉祥寺と名称を変えた。それまで入居していたＪＲグループ会社の弘栄堂《こうえいどう》書店なども撤退させ、全体のコンセプトを打ち出し、出店業者の厳選とともに、商品展示その他、レイアウトまでどのようにしたら見やすいか、美しく心地よく、高級感溢れて見えるかなど徹底した店づくりがなされているように見受けられる。かつてＪＲが周辺都市の高架下で展開していた、地域住民がサンダル履《ば》きで立ち寄る下町的なステーションセンターの面影はガード下から消し去られている。

企画化されたガード下では生鮮食料品からファッションまでなんでも揃う

アトレ吉祥寺の本館は地下一階から二階、東館も地下一階から二階までを使い、ファッション、レストラン、食品を販売。ガード下のなかで洗練された町づくりをみることができる。

Ⅳ　新時代に挑むガード下——ホテル・保育園……

パリのパサージュが二一世紀東京・赤羽のガード下に誕生
――JR京浜東北線赤羽駅

JR赤羽《あかばね》駅には京浜東北線、宇都宮線（東北本線）、高崎線のほか、赤羽線、埼京線が入り、埼京線ホームの頭上には東北新幹線が通過している。

この赤羽駅、一九八〇年代から高架化が進められ、器としての高架は一九九八年（平成十）完了。二〇一二年現在、駅ナカを含めガード下の整備が進められている。

ガード下に厳かな葬儀場、名湯が楽しめる銭湯が

ガード下空間は、駅舎近くに商業施設が入り、駅舎から離れるにしたがって、公的な施設が入るケースが多い。これは商業的な価値の大きさからだが、そうした資本の論理のなかで、赤羽は、駅前にリサイクル活動の拠点となる「赤羽エコー広場館」、

環境活動の活性化や環境意識の向上をめざす「北区環境大学」、職業に関する相談や紹介を行なう「赤羽しごとコーナー」、高齢者に仕事を提供し、生きがいと健康づくりをすすめる「北区シルバー人材センター」などが入った区の施設や駐輪場が整備されている。特異な地域だ。

露天風呂もあるガード下の銭湯

　駅舎からの距離で考えると、特異な地域といえるが、両側面をもつガード下を縦二つに割ってみると合点がいく。もともと赤羽は東側が商業地として栄え、西側は純粋な住宅街。駅前すぐそばの小高い丘・静《じょう》勝《しょう》寺境内（東京・北区赤羽西一―二一―一七）は太田《おおた》道灌《どうかん》が築城した「稲付《いなつけ》城」の跡という環境のよさである。

　このような地域の特性を踏まえ、赤羽では駅からの距離ではなく、新幹線から在来線までと幅広いガード下を東西に分け、商業的な価値の高い東側には名前の知られている飲食チェーン店やドラッグストア、フィットネスクラブなど、一方、人通りの少ない西側には公共施設が入っている。一方の側面のガード下は、いつでもどこでもどんな物でも食べられる便利な店が揃《そろ》い、もう一方では、駅前の閑静ななかで公共施設が充実している。

この赤羽駅南口からガード下沿いを東十条《ひがしじゅうじょう》方面に向かうと、セレモニーセンターにであう。セレモニーセンターといえば、人生の最後を締めくくる葬儀場のことだ。静寂や厳かさを求められる。新しい、現代のガード下はこうした条件をも満たすスペースになっている、という裏付けともなる施設である。

葬儀場のちょっと先、埼京線と宇都宮線、京浜東北線、東北・上越新幹線のガード下にまたがって、露天風呂も備えた「わっしょい」というスーパー銭湯が営業している。赤羽駅からやや距離があるため、駅前から送迎バスに乗って銭湯に入りに来る利用者も多い。

ベンヤミンが遊歩したパサージュがここに！

赤羽駅北側のガード下には改札外商業施設「アルカード赤羽生活提案館」が整備されている。アルカードといえばジェイアール東日本都市開発が運営する商業施設なのだが、他の施設とちょっと趣《おもむき》が異なっている。覗いてみよう。

アルカード赤羽生活提案館が誕生したのは、二〇〇〇年（平成十二年）。宇都宮線、高崎線、京浜東北線と埼京線、東北・上越新幹線とのガード下との間を、鉄とガラスによる屋根で覆《おお》い、その下を道幅の広い歩廊《ほろう》とし、両手にはインテリアからエステ、カフェなどが並び、肉、魚、野菜といった生鮮食料品を扱うスーパーマーケットも入り、何から何まで一度に揃う。

これはまさにW・ベンヤミンがパリのまちを遊歩したパサージュだ。パサージュとは屋根付きの通路を備えた商店街のことで、一九世紀から二〇世紀当初、建築の新素材として登場した鉄とガラスを使って造られている。

ベンヤミンは、パサージュを描いた古典的な名文を引用してこれを説明する。

「産業による贅沢《ぜいたく》の生んだ新しい発明であるこれらのパサージュは、いくつもの建物をぬってできている通路であり、ガラス屋根に覆われ、壁には大理石が貼《は》られている。建物の所有者たちが、このような大冒険をやってみようと協同したのだ。光を天井からうけているこうした通路の両側には、華麗な店がいくつも並んでおり、このようなパサージュは一つの都市、いやそれどころか縮図化された一つの世界とさえなっている」(『絵入りパリ案内』一八五二)

これに「この都市で買い物好きは必要なものはなんでも手に入れることができよう」、さらに「にわか雨に襲われたときには、パサージュは混み合って狭くなるが、逃げ場として安全な遊歩道を提供してくれる。そういうときは売る側もそれなりに儲けに浴することになる」と続ける。雨の日にも濡れずに歩けるというのも魅力であった。

パサージュには流行のモード、高級品が並べられ、これがのちの百貨店へと繋《つな》がる。

産業革命以降の経済的な繁栄を背景にこのパサージュを散策することで、「散歩」とか遊び歩く「遊歩」という概念が生まれたとされる。

パリのパサージュでは構造体としての強度ももち、かつ加工性がよく、美しさを兼ね備えている大理石を用いていたが、赤羽のパサージュは現代の素材を用い、それにデザイン性を加えている。各店のエントランスには面一《つらいち》にならないよう橋脚《きょうきゃく》を前面に出して凹凸を演出し、リズム感を示しているのだが、この柱、実は視線を上部に向けると、その先は空調設備となっている。ダクトの配管を外装材で覆い、柱をデザイン化していたのだった。確かに、空気は淀《よど》むはず。機械的な強制換気は必要。それを天井や壁面にむき出しにするのも機能美の美しさでみごとだ、デザインを施《ほどこ》せばエ

パリのパサージュを思わせる「アルカード赤羽生活提案館」

ガード下パサージュ２階は駐輪場

ントランス部にも出せるということをみせている。デザインの旨《うま》さが光る。

このダクトはデザインとして統一され、さらに各店舗とも天井部の鉄骨を現《あらわ》しにし、現代の機能美を表現している。各店舗ともにＳ（鉄骨）造りという徹底ぶりである。

ガード下の二階部分は駐輪場になっている。商業ベースにのる駅前は公共施設に使用しづらいが、ここでは旨くその両者をすりあわせ、成功させている。

一九世紀、二〇世紀初頭のパサージュは、二一世紀の東京・赤羽に息づいていた。ここが、ガード下の一つの原点なのかも知れない。

机上で進めるガード下環境
――小田急線経堂駅～祖師ヶ谷大蔵駅

現在、鉄道の高架化が進められている路線がある。小田急線の東北沢《ひがしきんざわ》から和泉多《いずみた》摩川《まがわ》間で、順次工事は進められ、残るのは東北沢近辺のみとなっている（下北沢付近は地下化される）。この工事の完成で、東北沢～和泉多摩川間の踏切はすべて解消されることになる。

経堂《きょうどう》駅では高架化を受け、ゲタ履きの駅ビル（低層階は商業施設、高層階は住居）を解体し、その跡地に複合商業施設「経堂コルティ」を建設。高架となった線路の下には「経堂テラスガーデン」と名付けたガード下施設を誕生させている。

高架駅となった経堂駅の改札を出たすぐ目の前のガード下には、図書館が入っている。スペースそのものは小さいものの、仕事帰りにちょっと寄れるのが嬉しい。

ガード下の空間利用については、一九六九年（昭和四十四）に当時の建設省と運輸省の間で締結された「建運協定」に基づき、税金代の代わりに有効面積の一五パーセントまで自治体が使用できるよう、取り決められているが、実際、駅前の一等地を自治体の公共施設が使うことは稀《まれ》だ。ところが、ここ小田急線の経堂駅では図書館が設置され、児童書からビジネス書まで取り揃え、児童が絵本を読む「おはなしのへや」を設置しているほか、大人のための朗読会まで開催している。

この図書館の隣りには、以前駅ビルに入居していた店が出店している。新たに駅ビルができあがった際には、新しい施設に戻るのだろうと、うわさされていたのだが、各店とも戻る気配もなく、実際、そのエリアのガード下からは一軒も戻らなかった。理由は家賃の高騰？　そんなことを踏まえ、ある店舗の店長に伺うと、駅ビルに戻らなかった理由を語ってくれた。

「なぜ戻らなかったかですか？　戻れなかった、というのが本当のところなんですよ」

と厳しい顔つき。理由は、家賃ではなく、新しい駅ビルとして一つのコンセプトが掲げられ、それにあった店づくりをして出店して欲しい、ということだったからだ。駅ビル内のレイアウトも、店の場所も、スペースも決まっていた。お宅はここ、と。

この店はもともと地元の店ではなく店舗展開もしているのだが、海外の高級ブランド品を揃えながらも綿密なサービスを行なう地域密着型の営業を展開している。長年掛かって地元の方からどんなことでも気軽に声を掛けてもらえる店に仕上げている。それが、今の店とはまったくイメージの異なる店舗出店を提示された。このため、「うちの店のイメージと違う店づくりはできない」と出店を諦《あきら》めることになったという。

現在のガード下店舗の使い勝手を尋ねると、音も振動も気にならない、とのこと。確かにインタビュー中もそこがガード下であることを感じさせないどころか、頻繁に電車は通っているはずだが、まったくといっていいほど、電車の通過音を確認できない。営業上からみても、電車、遮音設備ともども最新のガード下である。

経堂駅から千歳船橋《ちとせふなばし》駅―祖師ヶ谷大蔵《そしがやおおくら》駅と歩くと、最初に現われるのが、小田急の駐輪場だ。駅前に駐輪場があるのは実に便利である。

綺麗に植栽されているガード下樹木

小田急線のガード下の特徴は、その時その時の対処ではなく、当初からガード下利用が計画に盛り込まれ、実行されていることである。

これまで、線路脇の数軒先の家を訪ねるのに、ぐるっとまわりにまわって辿り着く、というのが小田急線沿線。辿り着いても帰りには東西南北が分からなくなって道に迷ってしまう、ということもよくあった。タクシーも地元のタクシー以外、世田谷区内の走行は拒否される世界であったが、高架化とともに側道が整備され、線路沿いに歩くことができるようになっている。

当初から計画に盛り込まれ、というのには、植栽も含まれている。国道駅のガード下のように長年住んでいる方たちがいれば、わが家の前庭として自然なかたちで緑の路地をつくりあげるが、新しく机上で描いたガード下と側道にはなにもない。そこで計画的に一定の距離ごとに同一品種の樹木が植えられている。これが自然な形で植えられている地域とも、また一九七〇年前後に高架され、いま再整備されているガード下とも違う机上のガード下である。

駐輪場以外の使い方として最初に現われるのが世田谷区の区民施設「経堂地区会館別館」。サークル活動等で使うことができる施設である。

地区会館は、使用料も安く、区民にとって貴重な施設である。ただ、施設を利用する人たちは限られており、人通り、という面から考察すると閑散《かんさん》としているという声は否定できない。人通りが絶えている他のガード下の場合、暗い、淋しい、寂《さび》れている――というイメージが生まれる。新しいピカピカのガード下のため寂れているとは感じないが、せっかく線路に並行して創設した側道が「遮音」という機能を働かせているだけなのが何とももったいない。

この小田急線のガード下には身障者のための区立の生活介護施設も入る。小田急線のガード下は公共施設が充実している。

これらの公共施設の先には広いスペースを必要とするホームセンター、千歳船橋駅

ガード下に登場した保育園

付近には小田急のスーパーマーケットが入る。書店、立ち食い蕎麦《そば》、立ち飲み、小田急グループによるクローゼット、祖師ヶ谷大蔵駅近くでは保育園も開園している。ガード下に保育園、というのは現在整備を進めている新しい画期的なガード下利用の発想といっていい。多彩な利用だ。

　自宅の横を高架橋が通るようになった彫金作家のショールームを訪ね、音、振動について尋ねてみた。高架橋ができたため、ガード下隣接地になってしまった住宅だ。すると、まったく気にならない、という。以前は踏切があり、電車が通るたびに警報音と通過音が鳴り響いていて、それもわが家の音と思っていたが、「実際、高架化されると、地上を走っていた時より音がしなくなりました」とにこやかに語る姿が印象に残った。車両とともに防音パネルの遮音性に驚かされる。

夢の国のガード下は、リゾートホテル――JR京葉線舞浜駅

「♬タンタタンタ　タンタタンタ　タンタタンタンタンタ―……」。電車の発車合図にディズニーの曲が流れるのがJR京葉線舞浜《まいはま》駅。"It's a Small World"や"Zip-A-Dee-Doo-Dah"が流れる。東京ディズニーランドや東京ディズニーシーの玄関口になっている駅だ。

この舞浜駅は、東京ディズニーランドの開園（一九八三年）を受けて開設した駅である。開園五年後の一九八八年（昭和六十三）に開業している。二〇〇一年（平成十三）には駅舎を改装。二〇〇四年（平成十六）には、ガード下にホテルまで誕生している。この舞浜を遊歩してみよう。

ディズニー一色の駅

高架の駅ホームから改札階に下りる階段やエスカレーターには来園を歓迎するボードが掲げられている。「WELCOME TO TOKYO DISNEY RESORT」のキャッチ。各ボードによってミッキーやミニーあるいはドナルドなど異なるキャラクターが出迎えてくれるのだ。正面ゲートの時計をみると、鮮やかな黄色い文字盤にハートやクローバーの形になっている。トランプのマークをかたどっている。なんと、JR駅員の制服もファンタスティックなディズニーランド風。駅舎内の広告もディズニー一色だ。駅舎から夢の国東京ディズニーランドが演出されている。

ガード下に夢のホテル

舞浜駅の駅前（南口）はオシャレなペデストリアンデッキ（人工地盤）になっている。高架下の駅改札口を出るとそのままペデストリアンデッキに出てディズニーランド行きのモノレールに乗車するか、ないしはそのまま徒歩でディズニーランド前まで歩くことができる。

JR舞浜駅に隣接するかたちで誕生したガード下ホテル

このペデストリアンデッキは歩行者と自動車を分離するもので、駅舎と再開発ビルとを人工地盤で結ぶので利用者としては実に便利。日本で初めて導入したのは千葉県のＪＲ柏《かしわ》駅東口前であった。ただ、この柏では人の流れを変え、なおかつデッキの下、商店の一階部分に一日中陽《ひ》のささない世界をつくり出してしまった。この経験を踏まえ、埼玉県大宮駅前のペデストリアンデッキは高さを高くとり、光を採り入れる工夫がなされ、東京・北千住駅では高い位置で、しかも駅舎と再開発の大規模商業施設の間だけ架け、他の従来からの商業施設前にはペデストリアンデッキを架けず、従来の明るさと人通りを確保している。

　このペデストリアンデッキをうけるようなかたち

北側から見たホテル。ホテルの上を電車が通過している

でガード下ホテルはある。ＪＲグループが運営する「ホテルドリームゲート舞浜」である。

ガード下で一番気になるのが騒音と振動。各アンケート調査では、住居として住めば、音はさほど気にならない、という結果が出ているが、料金を徴収して泊めるホテルの場合、そうもいかない。これまでのガード下での騒音、振動対策としては、構造物の下に積層ゴムや防振ゴムを入れ、列車の振動などを低減してきたが、このホテルでは吊《つ》り免震工法という新しい工法で振動を低減させるとともに、ホテル三級程度以上の遮音性能を実現させたとしている。三級程度というのは、毎日四〇〇本以上の電車が往復するガード下という特殊条件の下では上出来である。

なお、吊り免震工法というのは、ブランコの板の上に建物を載せたような構造。そのため、地震の震動もほとんど受けないという。

このホテルのレストランにはホテル側からと駅一階路面側から入ることができ、宿泊客以外でも、利用することができる。ただし、レストラン部分は、吊り免震工法の範囲外。吊り免震工法が採用されているのは客室エリアとなっている。

これが東西に延びる駅舎の東側。一方の西をみてみよう。ガード下の南側には側道が整備され、一定の間隔に背丈の低い植物が植栽されている。新しいガード下の特徴をよく表わしている。道は広く、清潔感に溢れ、清々しい。この先、旧江戸川までのガード下の桁下は駐車場。これもディズニーランド用か。

このガード下の北側は市営駐輪場。こちら側には透水性舗装の道路が整備されている。降った雨は、この舗装材を通って地下へと浸透。自然の循環を促す。駅舎の西側も新しいガード下満載である。

人身売買バイバイ作戦と黄金町《こがねちょう》コンバージョン

――京浜急行線日ノ出町駅～黄金町駅

高台は高級住宅街、低地のガード下は買春とヒロポンにまみれる――これは、エド・マクベインの87分署シリーズ『キングの身代金』を元に、黒澤明《くろさわあきら》が小国英雄《おぐにひでお》らとともに脚本を書き、監督した『天国と地獄』の一シーンだ。横浜市・黄金町《こがねちょう》というとこの『天国と地獄』で扱われた暗黒街のイメージをもつ人も多いだろう。

黄金町一帯は、一九四五年（昭和二十）の横浜大空襲で焼け野原となり、以降、ヒロポンや麻薬の密売と特殊飲食街、いわゆる青線がはびこることとなった。一九五八年（昭和三十三）、売春防止法が施行された後も、買春地帯として存続しつづけた。まちを歩いていると、外国語訛《なま》りだが流暢な日本語で声を掛けられる。そのエリアが大《おお》岡《おか》川の左岸、京浜急行電鉄の日ノ出町《ひのでちょう》―黄金町間である。雑駁なごった煮文化のガード下が悪所の巣窟《そうくつ》となった事例であるが、一九三〇年（昭和五）にできたこのガード下が、大きな変貌を遂《と》げている。戦前にできた高架橋だが最後にこの地を遊歩してみよう。

ガード下を特殊飲食店が埋め尽くす

まず述べておきたいのは、京浜急行電鉄日ノ出町―黄金町間のガード下は戦前からこうした悪所の巣であったわけではない。戦後、GHQが横浜におかれ、飛行場建設計画がもちあがった。羽田《はねだ》と同様、退去命令が出されれば四八時間以内に明け渡さなければならない、という理不尽なものであった。

初音町と黄金町を結ぶ京浜急行線のガード下側道

　このため、横浜市は京浜急行（当時は分離前の東京急行電鉄）に対し、ガード下空間の賃貸を申し出た。電鉄側はこれを受け入れ、提供することとなった。それが、のちの特殊飲食店街となってしまったのだった。

昼間から通行人に買春の声を掛けるまちは、地元住民が通行できる通路ではなくなってしまった。警察が取り締まっても、通り過ぎればまた元通り商売をはじめる、といった具合で、いっこうに改善される気配は感じられなかった。

それが変わったのは、阪神淡路大震災を受け、高架橋等の耐震補強工事を施さなければならなくなったこと。工事を実行するためには居住者にいったん出て行ってもらわなければならない。これが、一つのチャンスであった。ただ、明け渡しの期限が過ぎてもこれを拒んだり、権利関係が不明確なのを逆手にとり、そのまま営業を続けるものもあった。

これが、一掃される切っ掛けとなったのは「横浜開港一五〇周年記念」といわれる。二〇〇九年（平成二十一）、横浜市は開国・開港一五〇周年を祝う記念事業を計画した。そのため、横浜のイメージを損なう黄金町の悪所排除を実行すべく大掛かりな取り組みをはじめた。と同時に、この大掛かりな取り組みは、国際人権団体アムネスティからの抗議が大きく作用した、と私は推測する。特殊飲食店で働く女性たちは、当初は日本人であったが、一九八〇年代以降は台湾女性、それに続いてタイ女性が登場し、直近では中国や東南アジア、中南米出身者が占めるようになった。ほとんどが外国人女性だ。これは、あきらかに売春を目的に日本に上陸しているはずだが、それにブローカーが絡んでいることも想像に難くない。「人身売買を受け入れる日本」に対し、アムネスティは抗議を続けてきた。こうした国際規模の団体からの指摘も受け、政府は二〇〇四年（平成十六）「人身取引対策行動計画」を策定。この計画に沿って二〇〇五年（平成十七）には人身売買罪が新設された刑法が施行され、加害者に対する罰則が強化されている。

こうしたなかで、京浜急行は安全性と沿線環境の向上という面から信念を持ち続け、一軒一軒粘り強く交渉を重ね、二〇〇五年、最後の一軒が退去。用地交渉が終了し、現在耐震工事を推進している。

ガード下隣接地をコンバージョン

ガード下から特殊飲食店が締め出されると、店は側道を隔てた隣接地へと新たな店舗を構えた。一軒の建築物に半間（半間は約九〇センチだが、実際には九〇センチもない）のドアがいくつも並ぶ。これは一軒の家にどこからでも入れる、というのではなく、ドア一つ一つが個室（それぞれ店子が異なるケースと、通しで同じ店子というケースもあるようにみうけられる）。性を処理するためだけのスペースが確保されている。こうした建築物が日ノ出町から黄金町まで続く。

このため、二〇〇五年一月から「バイバイ作戦」と名付けられた締め出し作戦を展開した。これはいわゆる巡回ではなく、二四時間監視態勢を敷いたもので、徹底的な排除を推進した。この結果、客も引いていき結果として店がたたまれることとなった。バイバイ作戦が成果を挙げ、現在はほとんど、空き家状態である。

この空き家となったスペースを横浜市が借り上げ、NPO団体を通して管理運営を進めている。NPO団体を通すのは、市が直接店子に貸すとなると、公平性を保たなければならなくなるからだ。その公平性の一つは抽選だ。これは確かに公平かも知れないが、従来の特殊飲食店の関係者が参加することも公共事業体である市は拒否できないし、それが当選してしまっても無効にできない。こうした危険性を回避する、という面ももっている。二度とかつての姿に戻らないよう、アーティストなどのスタジオ、ショップやカフェへとコンバージョンされている。

戦後六〇年を経て黄金町は夢のあるまちへと変身している。

初音町《はつねちょう》と黄金町を合わせた初黄《はつこう》商店街の門型看板をくぐってすぐ右手に現われるのが「倉敷芸術大学」だ。デザインやアートを学ぶ倉敷の学生が横浜・黄金町に滞在し、文化活動を実践している。この文化活動を通じて、まちなみの再構成と活性化を推進。と同時に彼ら自身、アーティスト、あるいはクリエイターとしての自立をめざしている。

室内を覗かせてもらうと、一階建ての一階奥が作品の展示スペース。誰もが気軽に鑑賞できる場所とはいえないが、学生にとってはこれは立派な公開スペースだ。

かつて、買春に使用されたであろう二階は畳三畳ほどのスペースになっている。これが学生たちのリビングでありベッドルームだ。実際、折りたたみ式のベッドも備えている。

この二階部はバス・トイレ付き。シャワーを浴びることができ、ちょっとした台所もついているので十分暮らすことができる。自己表現の実現に向かって進む学生たちにはロマンのある空間である。

上：ガード下側道隣接地にはいくつもの扉を備えた建築物が建ち並ぶ。これが特殊飲食街として使われていた
下：倉敷芸術大学は特殊飲食街として使用された建物をリノベーションし、学生の活動の場としている

ガード下を再生

幼い頃「この道路の向こうへ行ったらダメよ」と両親からいわれたことが心に強く

残る住民。「わが町を自由に歩きまわりたい」というこの住民と、警察、それに市役所が加わった安全・安心なまちづくりによって生みだされたガード下のスペースには、象徴的に「黄金スタジオ」と「日ノ出スタジオ」が立ちあがっている。

黄金スタジオはPC板で耐震補強されたガード下を活用したもので、天井部分と桁《けた》下《した》との間に空間を設けている。これは「桁下との間を八〇センチ以上空ける」という行政指導をふまえたものだろう。この空間は火災が生じた際、煙の抜け道となる。

ガード下から特殊飲食街を排除して誕生した「黄金スタジオ」

黄金スタジオの外装はメタリックなステンレス製。ところが、一歩スタジオ内に入ると土間と白木の木造建築。一言でいえば、スキー場のロッジのようなイメージだ。もちろん、ロッジの造りではないのだが、木材に対する思い入れが伝わる造りである。コンセプトとデザインの評価については読者の判断におまかせする。

この黄金スタジオ、建物内はいくつかのブースに分かれている。主にどんな店が入っているかというと、軽食・喫茶とアーティストのための解放区、といったところだ。昼間は軽食や喫茶が気軽に楽しめるカフェだが、週末を中心とした夜にはライブ・イベントが開催されている。

「日ノ出スタジオ」

黄金スタジオから二〇〇メートルほど北に進んだところに設けられているのは「日ノ出スタジオ」だ。こちらはアパレルから書籍、さらにアーティスト、デザイナーのアトリエなどとして使用されている。黄金スタジオの外装がメタリックで閉鎖的であるのに対して（建物内は開放的）、こちらは外装はガラス張り（建物内はごく普通の店舗使用方法）。メタ

旅館をリノベーションして創った「竜宮美術旅館」

外国人好みの暖炉と、日本情緒の風呂に占領軍専用の名残が（上の１点と下の３点）

ルとガラス――どちらも現代的ではあるのだが、実に対照的である。

コンバージョン・竜宮《りゅうぐう》プロジェクト

日ノ出駅近くに、戦後まもなくの昭和にタイムスリップしたような旅館があった。この旅館が二〇一〇年（平成二十二）、町の浄化と再生という大きな枠組みの中で、美術館へとコンバージョンされた。

コンバージョンされた竜宮美術旅館は、戦後すぐにできた占領軍専用の連れ込み宿だったものだ。木造の室内には暖炉がしつらえられ、窓はベイウィンドウ（張り出した窓）。天井もプラスター（石膏や漆喰、土などに水を加えて練った塗り材）に野縁《のぶち》（棒状の部材）を現《あらわ》しにし、亀甲の形にデザイン化。風呂場の壁には「山水風景」と「流水に鯉」のタイル絵が張られている。これは異国情緒を味わわせる演出である。

この施設は長い間廃墟と化していたが、ＮＰＯ団体が借り受け、カフェとギャラリーに改装し、公開された。

空きスペースを有効活用した成功例として挙げられるコンバージョン施設であった

が、残念ながら、二〇一二年三月をもって閉鎖され、解体されることとなった。以降、日ノ出駅前地区として、新たな広い面的整備へと開発は向かっている。

おわりに――庶民のエネルギーがあふれるガード下と、環境整備されるガード下

オモテとウラ

ガード下には二つのオモテとウラがあった。一つには、ガード下の側面。どちら側《がわ》をオモテにするかである。どちらがオモテであっても、いや両側オモテでもいいではないか、とも考えてしまうが、人間とはそんな単純ではない。それぞれが思い思いにパブリックなオモテとプライベートなウラをつくる。だから、ひとつのガード下でも、オモテの家があったり、ウラの家があったりという現象を起こす。

もう一つのオモテとウラは？

ＪＲ（旧国鉄）を含め、各鉄道会社の社史にも書き込まれない鬼っ子として誕生した「ガード下」は、それまでの既成概念の破壊と新たな価値を創造した。これを第一次ガード下改革と呼ぼう。ただ、この改革による新たな価値の創造はあくまで副次的

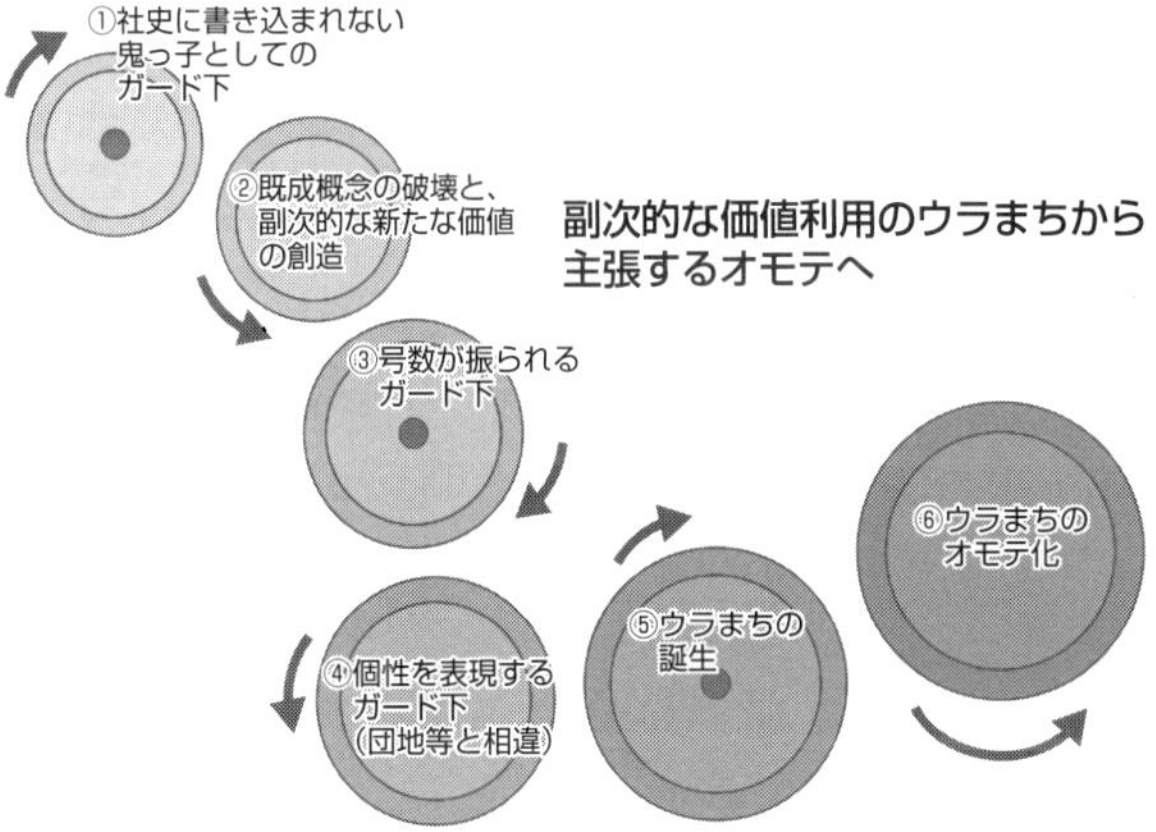

ガード下のウラとオモテ化

だ。それは、運輸業者の鉄道会社のみならず、その利用者であるわれわれも副次的利用との位置づけから離れられないものであった。

これらを「戦前」、「高度経済成長期」、「現代」――、と三期に分け、かつ用途別には店舗系、住宅系、さらに駐輪・駐車場系など、さまざまな利用法をみてきた。

高度経済成長期に生まれたガード下は、その誕生から四〇年ほど経過した現在、再生されている。当初のままスーパーマーケットが入居しているところもあるが、大きくリニューアルし、すべてをそのガード下でまかなえるような自己完結型のインモールを目指しているエリアもある。駅に集まる人々を駅舎とガード下から離さない、きわめて魅力的なガード下だ。一軒一軒、入居している店舗も全国に知れわたる有名店ばかり。駅に用事がなくとも、これらの名店に来店するためガード下を訪れる者も多いだろう。それだけ集客力がある。

現在新たに進められている鉄道高架橋建設とガード下整備はどうだろうか。小田急線の高架化をみても側道まで整備され、しかも鉄道の通過音が聞こえない、という理想的な鉄道高架だ。

理想的といえば、最初から植物まで植えられている。それに公共施設が駅からそれほど遠くない距離に設置されている。図書館、地区会館、障がい者施設。駐輪場以外にこれだけの施設利用を図っている地域はほとんどないのではないだろうか。

しかも、小田急線などでは計画当初から植栽等の概念が入れられている。ただ、これは机上の論理ということは否めない。同じ植物が同じ間隔で同じように植えられている、というのには整然として清潔感はあるが、人の気配が薄いようにも感じられる。これでは鶴見線国道《こくどう》駅や阪和《はんわ》線美章園《びしょうえん》駅周辺のような、人のぬくもりの感じられる植栽に及ばない。もちろん、高度経済成長期のガード下には植栽はみられないので、人工的でも嬉しい。

ただ、こうした作為ではなく、戦前に建設された「国道駅付近」や「美章園駅付近」のガード下住宅では家の前の側道をわが家の前庭とし、日々の営みが息づいている。住民みんなの生活道路になっているのだ。

なぜか？　もちろん、理由は断言できないが、当初から住むことを前提にガード下空間の設計、建設を進めていたからではないか。居住を前提としていなかったり、途中からこれは不動産としての価値もある、と路線変更して貸し出されたのとは違うように考えられる。

＊

ガード下には主に橋脚部分にであるが、ナンバーが振ってある。団地の○号棟と同じようなものだ。ただ、団地のような集合住宅と違うのは、画一的な造りではなく、みなそれぞれ違う造りということ、個性豊かなのだ。これはカタチからみたものだが、中身、内容も自由、独立、個性の豊かさが認められ尊重される。

ガード下には庶民のエネルギーがあふれる。このガード下から個性を剝奪《はくだつ》すると、単なる駅ビルの延長になってしまうことになる。

ガード下にはさまざまな形がある。これからもどんどん変わっていくことだろう。そして存在するだけで元気が出るような、人の優しさが感じられる〝場〟としてのガード下が増えることを願ってやまない。

付録――さまざまなガード下遊歩

ガード下を遊歩する際には、歩きやすい装備とともに、カメラを持参しよう。携帯電話に付属しているカメラでもいい。このカメラはメモをとるかわりにもなる。たとえば、ガード下の名称。どこどこの駅からいくつ目の横断道に架かる鉄橋の下に……、というような記憶だけに頼ると、その記憶も含めて曖昧《あいまい》になってしまう。このため、カメラは必須。メモ帳よりも便利だ。

歩くのは、一人より二人、二人より三人――と数が多い方がいい。理由は、いくつもの観察眼が生まれるからだ。一人だけだとその人の経験、知識、興味の範囲内しか目にとまらないが、その視野が広くなる。たとえば、ガード下の脇道から、路地づたいにちょっと広めの道に出たとしよう。それはあるところに出るための単なる通路だが、何人かで歩いていると「これ、川の跡だな」などというつぶやきが生まれたりする。そういわれてみれば、かなり蛇行《だこう》している。農道の広さではない。このくねり方は川だ。川を暗渠《あんきょ》化して道路にしている。となると……、と話は広がる。もちろん、事前に調べ上げて遊歩するのも大切なことなのだが、人の目が増えると、さまざまなものが見えるものだ。

もちろん、遊歩は、大人数だけがいい、というわけでもない。さまざまな視点から観察でき、地元の方との交流も増えるが、その後、一人で遊歩すると、今度は自分一人の視点を深められる。これがいい。

絵を描き出すと、みな一心不乱にその世界に入り込んでいく

素描《そびょう》遊歩と大竹メソッド

これらがまち歩きの一般論。このほかに、紹介したいのは、「素描《そびょう》遊歩」。筆記用具とスケッチ帳をもってガード下を遊歩してみよう。スケッチ帳の大きさはB5サイズ程度でいい。

ガード下と赤提灯、列車とガード下、新聞売りの

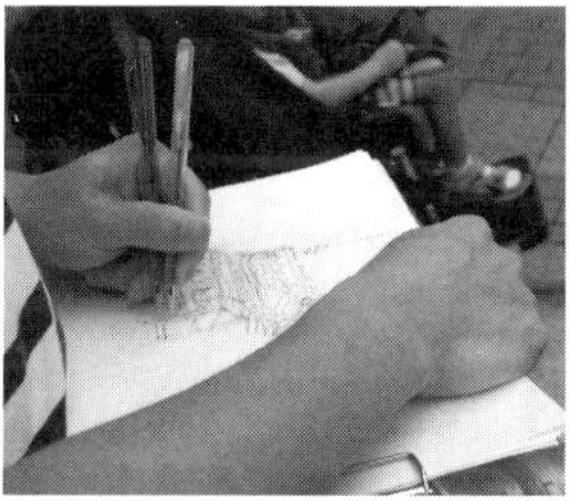
左手で２本描き

オバさんとガード下、駅に急ぎ歩くサラリーマン、ガード下のわずかなすき間からはい出る植物——どれも絵になるシーンがいっぱいだ。ところが、実際絵を描いてみると、小中学校時代描いていた絵が再現されてしまう。落胆と、理想と違う現実に見舞われる。

　こんな現実に見舞われずにガード下をスケッチしながら楽しめる方法がある。私はそれを「大竹《おおたけ》メソッド」と呼んでいる。元東京造形大学教授の大竹誠《まこと》が実践してきたことで、まず美術の時間の教室のなかではやらないことだ。

①左手描き（利《き》き手と反対側の手で描く）
②一筆描き
③二本の筆記用具を一度に持った二本描き（色違いのペンを使う）
④ピュリスム
⑤ピラネージ

どれも、一筋縄《ひとすじなわ》ではいかない描き方だ。利き手と反対側の手を使って描く、という手法はお薦め。ワイワイガヤガヤ、想像も含め、いいたいことをいいながら遊歩している際、この左手技法素描をはじめると、みな会話をやめ、描写対象を見つめ、ガード下と画帳に神経を集中させる。誰もが一心不乱《いっしんふらん》状態になる。静寂《せいじゃく》そのもの。利き手とは違うので、うまく筆記用具が動かない。試行錯誤の末、なかには手はそのままにして、画帳を動かす者まで現われる。いずれにしても、気持ちを集中させて観察しないと描けない。すると、それまで見過ごしてきたものまでが見えてくる。

この技法は、デザイン、絵画の学生のために大竹先生がはじめたものだが、対象をしっかり見つめ、観察するこの技法はガード下遊歩にも有効だ。できあがりは、もちろん「利き手じゃないからね」との一言で完了する。

このほか、二本の筆記用具を一度にもって描く技法は、二重線で描くことになるのだが、色を変えることで一方が影のようになったりと、こちらも楽しい。

ピュリスムは、建築家のほか画家でもあったコルビュジエが起こした芸術運動でキュービズムをさらに純化した描き方だ。ガード下の風景から装飾性・感情性を排し、

フロッタージュも楽しい

表現する。世の中はすべて立体に純化される！

ピラネージは建築家でもあった画家である。ローマの景観を描いた精密な版画が知られ、一八世紀後期、新古典主義建築の展開に大きな影響を与えた。このピラネージの絵に、目の前に展開するガード下を描き込もう、というもの。イタズラ書き感覚で楽しめる。

使用する筆は、左手などで描くため、筆圧が弱くても描けるサインペンなどがお薦め。これらは、いずれも一五分程度。飽きる前に描き終わる。

フロッタージュ

大竹メソッド以外にもガード下を観察できる方法がある。フロッタージュである。フロッタージュとは、拓本のようなもの。写し出したいものに紙などをあて、その上から筆記用具でこすり作品をつくること。煉瓦積み、グレーチングなど凸凹のあるものならなんでもできる。煉瓦の欠けなどフロッタージュで写し出すと、歴史の趣を時間軸で保存できることになる。

このフロッタージュ、紙でも布でもいいのだが、お薦めは、障子紙。できあがると迫力がある！

このほか、挑戦してみたいのは、ガード下建築模型である。ただし、こちらは、難しい。そのため、まず、お薦めは、ガード下の写真を撮り、それをスチレンボード（気泡の細かい発泡スチロールでできた薄い板）に貼り付ける方法。いつかは、本格的なガード下建築模型にも挑戦してみたい。

ガード下吟行（自然を詠む俳句と工業化・文明の代表のようなガード下がミスマッチで面白い）など、さまざまなガード下遊歩が考えられる。もちろん、ガード下一献遊歩もすこぶる楽しい。皆さんも、ぜひさまざまな企画でガード下遊歩を楽しんでほしい。ガード下は誰をも受け入れてくれるはずだ。

【参考文献】

『焼跡のイエス』石川淳　新潮社　一九四六
『パサージュ論Ⅰ』W・ベンヤミン　岩波書店　一九九三
『女ひとり』ミヤコ蝶々　鶴書房　一九六六
『三木と歩いた半世紀』三木睦子　東京新聞出版局　一九九三
『鶴見線物語』サトウマコト　230クラブ新聞社　一九九五
『回想の東京急行Ⅱ』荻原二郎・宮田道一・関田克孝　大正出版　二〇〇二
『日本の近代土木遺産』土木学会出版　二〇〇五
『山手線誕生』中村建治　イカロス出版　二〇〇五
『高架下建築』大山顕　洋泉社　二〇〇九
『黄金町アニュアルレポート2009』黄金町エリアマネジメントセンター　二〇一一
『土木建築工事画報』工事画報社
『日本の近代土木遺産―現存する重要な土木構造物2000選』土木学会　二〇〇一

『新修荒川区史　下』一九五五
『千代田区史　下』一九六〇
『京成電鉄五十五年史』一九六七
『目で見る荒川区50年のあゆみ』一九八二
『復刻版　日本国有鉄道百年史』成山堂書店　一九九七
『東武鉄道百年史』一九九八
『阪神電気鉄道百年史』二〇〇五
『京浜グループ110年史』二〇〇八
「鶴見線の形成過程」『鉄道ピクトリアル』No472　電気車研究会一九八六
「阪神電鉄高架下における居住空間に関する研究」
　工藤和美・重村力・山元政弘・石井信　一九九四
「鉄道高架下利用実態に関する研究」
　白石崇・荻村研一・島崎敏一・下原祥平　二〇〇四
「鉄道高架橋下空間に見る土地利用形態と住民意識に関する研究」

【参考文献】

松岡亮介・浅野光行　二〇〇五「鉄道高架下空間に対する住民の意識に関する研究」
平山隆太郎　二〇〇八「鉄道高架下空間の利用に関する研究」
宮原一巧・田中傑・南一誠　二〇〇九「鉄道高架下空間と都市の関係性の研究」
吉田遼太　二〇〇九『元高　モトコー』vol.5　元町高架下（モトコー）にぎわいづくり実行委員会　二〇一一

切りとり線

★読者のみなさまにお願い

この本をお読みになって、どんな感想をお持ちでしょうか。祥伝社のホームページから書評をお送りいただけたら、ありがたく存じます。今後の企画の参考にさせていただきます。また、次ページの原稿用紙を切り取り、左記まで郵送していただいても結構です。

お寄せいただいた書評は、ご了解のうえ新聞・雑誌などを通じて紹介させていただくこともあります。採用の場合は、特製図書カードを差しあげます。

なお、ご記入いただいたお名前、ご住所、ご連絡先等は、書評紹介の事前了解、謝礼のお届け以外の目的で利用することはありません。また、それらの情報を6カ月を超えて保管することもありません。

〒101―8701（お手紙は郵便番号だけで届きます）
祥伝社新書編集部
電話03（3265）2310
祥伝社ホームページ　http://www.shodensha.co.jp/bookreview/

★本書の購買動機（新聞名か雑誌名、あるいは○をつけてください）

＿＿＿＿新聞の広告を見て	＿＿＿＿誌の広告を見て	＿＿＿＿新聞の書評を見て	＿＿＿＿誌の書評を見て	書店で見かけて	知人のすすめで

★100字書評……「ガード下」の誕生

名前

住所

年齢

職業

小林一郎　こばやし・いちろう

1952年、東京生まれ。明治大学卒業。建築関係の編集プロダクションを主宰し、数多くの書籍を編集する。淑徳大学池袋サテライトキャンパス、朝日カルチャーセンター千葉講師。TV、雑誌で近代建築の魅力を紹介、「まち歩き」の視点からの建築観察が高い評価を得ている。主な著書に『目利きの東京建築散歩』『江戸を訪ねる東京のんびり散歩』『自転車で東京建築さんぽ』(共著) などがある。

「ガード下《した》」の誕生《たんじょう》

鉄道と都市の近代史

小林一郎《こばやしいちろう》

2012年４月10日　初版第１刷発行

発行者……………竹内和芳
発行所……………祥伝社《しょうでんしゃ》
〒101-8701　東京都千代田区神田神保町3-3
電話　03(3265)2081(販売部)
電話　03(3265)2310(編集部)
電話　03(3265)3622(業務部)
ホームページ　http://www.shodensha.co.jp/

装丁者……………盛川和洋
印刷所……………萩原印刷
製本所……………ナショナル製本

Printed in Japan　ISBN978-4-396-11273-8　C0221